"十三五"江苏省高等学校重点教材（编号：2019-1-033）

环境水力学

华祖林 主编

U0262842

科学出版社

北 京

内 容 简 介

环境水力学是一门探讨污染物质进入水体后混合输移规律的交叉学科,着力于预测计算水体中污染物浓度大小及影响范围。本书主要介绍污染物质在水体中输运扩散的方程、简化情况下污染物浓度计算基本公式、顺直中小型河道污染带特征计算、污染物的分散现象与分散系数确定、不规则水域中污染物的混合输运以及水质模型等内容。本书旨在使学生掌握环境水力学的基本原理,能够运用水环境预测的基本实用计算方法。

本书可供环境工程、环境科学及水环境保护等相关专业师生使用,也可作为水环境模拟、水环境管理领域科技人员和研究生参考书。

图书在版编目(CIP)数据

环境水力学 / 华祖林主编. —北京:科学出版社,2020.11

"十三五"江苏省高等学校重点教材

ISBN 978-7-03-066447-1

Ⅰ. ①环… Ⅱ. ①华… Ⅲ. ①环境水力学-高等学校-教材 Ⅳ. ①X52

中国版本图书馆 CIP 数据核字(2020)第 202478 号

责任编辑:许 蕾 曾佳佳 / 责任校对:杨聪敏
责任印制:张 伟 / 封面设计:许 瑞

科 学 出 版 社 出版

北京东黄城根北街 16 号
邮政编码:100717
http://www.sciencep.com

北京厚诚则铭印刷科技有限公司 印刷

科学出版社发行 各地新华书店经销

*

2020 年 11 月第 一 版 开本:720 × 1000 1/16
2020 年 11 月第一次印刷 印张:10 3/4
字数:215 000

定价:49.00 元

(如有印装质量问题,我社负责调换)

前　　言

在水环境规划、水环境评价、水污染控制方案制定、排污口设置论证、环境容量与纳污能力确定等方面都会直接或间接涉及环境水力学的基础知识。环境水力学是进行水环境模拟的基础，是进行水污染预测评价的必备。

环境水力学是环境科学与工程学科的重要研究分支之一，同时也是水力学及流体力学的重要组成部分，其主要任务是研究污染物质进入水体的掺混、随流、扩散的输运规律，属于交叉科学。

随着经济突飞猛进的发展，目前我国的江、河、湖、海的水环境问题面临着巨大的挑战，环境水力学作为描述污染物质进入水体输运规律的基本课程，对指导水污染控制方案的制定有着十分重要的作用。河海大学及相关院校将环境水力学引入环境专业的本科基础课程教学计划中已有二十多年的历史，随着时代的发展，该课程部分内容已远不能适应当前我国水环境面临的严峻形势与水环境模拟的实际需求。本书即为总结环境水力学教学经验，切合环境类学生的专业基础情况编写而成，着重介绍环境水力学的基础性知识，主要是面向环境领域的本科生，可供环境工程、环境科学及相关专业使用。

本书共有 7 章，主要为污染物质扩散输运与混合的基础理论、污染物浓度计算的基本内容，包括第一章"绪论"、第二章"污染物质输运方程"、第三章"简化情况下污染物浓度计算基本公式"、第四章"顺直中小型河道污染带特征计算"、第五章"污染物分散现象与分散系数确定"、第六章"不规则水域中污染物的混合输运"和第七章"水质模型简介"。本书旨在为读者建立污染物质混合输移的清晰图形，明了原理，使其掌握若干基本的实用计算方法。

由于各种原因，许多理工科院校的环境科学、环境工程专业未将环境水力学列入专业基础课程教学计划中，而直接让学生学习水质数学模型，进行水环境预测计算，结果导致一些环境专业学生与年轻技术人员不顾适用条件，胡乱使用水质模型，若本书对他们能有所帮助，则编者深感慰藉。

在本书编写过程中，刘晓东副教授、顾莉副教授、褚克坚副教授、王鹏博士、汪靓博士等参与了部分章节的编写工作，巫丹博士、邢领航博士对本书提出了建议，还有博士研究生丁珏、程浩淼、王玉琳、陆滢以及硕士研究生惠慧、焦梓楠、王海燕、董越洋等参与了编写和插图绘制工作，在此一并致以感谢！

　　由于编者水平有限及时间仓促，本书难免存在不妥之处，盼请读者指正。

编　者

2020 年 7 月于南京

目　　录

第一章 绪 论

1.1 我国水环境面临的形势

伴随着我国经济与社会的快速发展，工业化、城市化进程的不断加快，大量污染物排放入水体，对水环境造成了严重的威胁。水污染是指在人为因素直接或间接的影响下，污染物质进入水体，使其物理、化学或生物特性发生变化，以致影响水的正常用途和水生态系统的平衡、危害人体健康和生活环境。

目前全国水污染形势比较严峻，而其最直接的原因就是，大量的工业废水和生活污水被排入河流、湖泊等水域，超过了水体的承载能力，使得水质恶化。据资料显示，全国江河湖泊普遍受到污染，严重的水污染造成部分地区"水质型缺水"，甚至威胁到了居民饮用水安全；湖泊出现了不同程度的富营养化问题。同时水污染事故的频发，也对水环境及水生态构成严重威胁。比如 2005 年中石油吉林石化公司双苯厂发生爆炸事故，导致松花江发生重大水污染事件，沿岸数百万居民的生活受到影响。2007 年的太湖蓝藻事件，蓝藻暴发使得无锡市的自来水受到污染，造成居民无法正常生活。图 1-1 和图 1-2 是河道污染带和湖泊蓝藻照片。

图 1-1　河道污染带与排污口

图 1-2　湖泊蓝藻照片

同时，水域污染会使水生态系统的平衡被破坏，污染会使得水质变差，水中溶解氧浓度下降，浑浊度增加，营养物质富集等。严重时会出现鱼类等生物大量死亡，水中生物种类明显减少，藻类过量生长等问题。水域的生态平衡受到破坏，直接影响到了水资源的可利用性，如水产养殖、景观用水、农业灌溉用水、捕捞等，使得区域经济的发展受到限制。

当前水环境污染已成为我国中央与各级地方政府高度重视的一个问题。要治理水环境，首先就要制定出污染控制的方案。要制定出科学合理的污染控制的优化方案，就必须了解污染物在水体中的输运扩散情况，以预测不同污染控制方案产生的效果，从而为污染物排放控制方案的最终确定提供科学依据。

1.2　环境水力学的主要任务与作用

要对水体不产生影响，污染物实现零排放是最理想的，但是按当前的生产力与技术发展水平，实现所有污染物零排放是不现实的。因此，污染物的排放是不可避免的，则污染物排入水体后的影响范围有多大、污染物究竟排多少是合理的、如何合理控制污染物排放等成为被高度关注的，也是科学制定区域排放总量、区域环境规划和环境评价所必须回答的问题。在其背后，需要准确预报排污后河流、湖泊和近海等水体水环境质量变化情况，需要深入地了解污染排放入水体后的输运、迁移、扩散规律。研究污染物在水体中混合输移的规律及其在各种环境水域中的应用，这就是环境水力学的主要任务。

环境水力学是着重研究污染物在水体中混合输移规律的学科，着力于探讨污染物质进入水体后在混合输移情况下所形成的浓度分布及其变化规律，即研究浓度场的形成、演化和模拟。若可求得已知条件下的浓度场，就可知道各时、各地、各级污染的范围。得到了污染程度的数量指标，就可以判断是否构成对环境有害，从而拟订控制和改善的措施。

环境水力学的用途与价值可体现在以下方面：①在环境影响评价和环境质量预测方面的应用。例如，对拟建设的项目进行环境影响评价，需要预测拟建项目排放污染物对水环境的影响范围及可能造成的水环境质量变化。根据拟建项目对环境影响的程度与质量变化的大小，可以判断拟建项目是否可行，或提出排放控制限值。②在环境规划和管理中的应用。例如，评估区域的纳污能力，制定区域的环境容量或允许排放量，优化确定污染物排放的设置，制定区域限制排放标准，对评估污染物排放消减后水体水质改善效果、不同治理方案进行有效性和经济性对比等。

环境水力学是环境科学与工程学科的一个重要研究分支，它是既涉及环境领域的知识，又涉及水力学或流体力学方面的交叉学科；同时环境水力学也是一门新兴的学科，其发展历史比较短，但是已经形成了自己独立的研究体系，随着时间的推进，其研究范畴也在不断拓展，展示了强大的生命力和发展后劲。

1.3　污染源分类

众所周知，水是生命之源、生产之要、生态之基。水是三原子分子，分子式为 H_2O，在自然状态的水体不单是纯净的 H_2O 分子，它含有多种其他成分，但一般来讲，对于生物和人类而言，经过亿万年的生存适应，天然水体是无害的。本书中谈到的污染，是指我们人类的生产和生活活动导致水体中某些成分增加，造成水质恶化，对生物和生态产生危害的现象。引起水环境污染的污染源，可以是工业生产污水（如工厂、企业、矿山产生污水）和城市与农村的生活污水。它们有的用管道直泄江、河、湖、海；有的经过小的沟渠最终排入天然水体；广播于农田的化肥和农药，也会随着径流汇入江、河、湖泊。除此以外，一些突发事故，如企业生产事故、污水处理设施发生故障、船舶失事漏泄、洪水淹没和冲毁城镇，都可能会造成大量污染物进入水体。本书将从环境水力学的角度对污染源进行分类，以方便后面预测计算。

1.3.1　环境学科中污染源的分类

按污染源的性质划分，可分为物理性污染源、化学性污染源和生物性污染源。

（1）物理性污染是指水的浑浊度、温度和颜色发生改变，水面的漂浮油膜、泡沫以及水中含有的放射性物质增加等。

（2）化学性污染是指有机化合物和无机化合物对水体的污染，如水中溶解氧减少，溶解盐类增加，水的硬度变大，酸碱度发生变化或水中含有某种有毒化学物质等。

（3)生物性污染是指水体中进入了细菌和微生物等。主要污染源是生活污水，其中含有丰富的营养基，非常适合微生物和细菌的滋长，引起病原微生物的传播。最常见的有细菌、寄生虫卵、病毒等。生活污水是伤寒、霍乱、痢疾等细菌，蛔虫、血吸虫等虫卵，以及呼吸道病毒和肝炎病毒等的滋生地。一般在每升污水中，肠道传染细菌可达数百万个，病毒可达 50 万～7000 万个，对人体危害极大，很容易引起疾病的蔓延和传染。

从污染物的来源来看，主要可以分为工业污染源、农业污染源、生活污染源和交通运输污染源。

（1）工业污染源。工业生产中会形成"三废"（废水、废气、废渣），其中废水的排放易对水体造成严重的污染。如电镀废水中含有大量的铬、镉、铜、锌等重金属离子和氰化物，重金属会产生生物富集，富集在鱼、虾体内，人食用后会危害中枢神经；而氰化物是致癌、致畸、致突变的"三致"物质。

（2）农业污染源。农业污染源分布比较广，主要是由农业生产过程中不合理使用农药、化肥以及处置不当的禽畜粪便等产生的污染。如过量的氮磷会流入沟渠或者池塘等，最终进入河流或湖泊，造成水体富营养化。

（3）生活污染源。城镇和农村居民会产生大量的生活废水和生活垃圾。生活废水中含有大量的洗涤溶剂成分、氮、磷。其中氮、磷可导致水体富营养化；溶剂污染在近几年已引起关注。

（4）交通运输污染源。汽车尾气排放中含有一氧化碳、氮氧化物、二氧化硫等物质，进入大气后又随雨水流入河流、湖泊、海域，造成污染。

水体污染物从化学角度可分为无机有害物、无机有毒物、有机有害物、有机有毒物 4 类。

（1）无机有害物，如砂、土等颗粒状的污染物，它们一般和有机颗粒性污染物混合在一起，统称为悬浮物（suspended solid，SS）或悬浮固体，使水变浑浊。还有酸、碱、无机盐类物质，氮、磷等营养物质。

（2）无机有毒物，主要有非金属无机毒性物质如氰化物（CN）、砷（As），金属毒性物质如汞（Hg）、铬（Cr）、镉（Cd）、铜（Cu）、镍（Ni）等。长期饮用被汞、铬、铅及非金属砷污染的水，会使人发生急、慢性中毒或导致机体癌变，危害严重。

（3）有机有害物，如生活及食品工业污水中所含的碳水化合物、蛋白质、脂肪等。这类污染物因需通过微生物的生化作用分解和氧化，所以要大量消耗水中的氧气，使水质变黑发臭，影响甚至窒息水中鱼类及其他水生生物。

（4）有机有毒物，多属人工合成的有机物质如农药 DDT、六六六等、有机含氯化合物、醛、酮、酚、多氯联苯（PCB）和芳香族氨基化合物、高分子聚合物（塑料、合成橡胶、人造纤维）、染料等。

从污染的形成过程来看，可将污染源分为点源污染和非点源污染。

（1）点源污染。有固定排放点的污染源，如工业废水、城市生活污水都由城市管网收集经污水处理厂处理后，由排放口集中排入天然水体。其具有可识别的位置，可与其他污染源区分。

（2）非点源污染。经降水、径流冲刷或大气沉降作用，溶解的或固体污染物从非特定区域汇入受纳水体引起的水体污染，污染源如土壤泥沙颗粒、农药、养殖废水等。

在环境学中，某些化学或生物类物质在达到一定浓度后，会对水体的物理、化学及生物属性产生不利影响，从这个角度还可分为：

（1）营养物质，是指有机生物体生长所必需的化学元素或者化合物。氮、磷、二氧化碳等是藻类生长和存活所必需的基本营养物质。营养物质一般不能被称为污染物，但过量的营养物质存在于水体中时，会引起水体富营养化，造成藻类水华、水体透明度下降和缺氧，进而损害水质和水体生态系统。所以当营养物质的浓度过高，导致藻类暴发时，营养物质将被视为污染物质。水体中，营养物质的考量参数主要为氨氮、总磷、总氮等。营养物质可以在生物和水环境间形成水生系统循环过程，如氮循环、磷循环；也可以通过点源和非点源进入水体中，如企业污水排放、农村和城市面源等。

（2）病原体，是指引发疾病的微生物（包括细菌、病毒等）和寄生虫等。病原体能够通过皮肤接触或被污染的饮食感染人类。这些微生物可以由多种途径进入水体，比如通过农业或城市径流、运转失常的化粪池或污水处理厂以及暴雨期间未被处理的排水和厕所复合下水道的溢流。

（3）有毒物质，是指能对人类健康和环境造成短期或长期危害的物质，有毒有机化合物（TOCs）和重金属是自然界中两类主要的有毒物质。地表水中主要存在的有毒物质有重金属、有机农药、多环芳烃（PAHs）、多氯联苯（PCBs）以及新兴有机污染物等。由于工业和农业上长期的排放和使用，TOCs 和重金属被大量累积在环境中，在水中溶解成为溶解态，或者被水底沉积物吸附形成颗粒态。溶解态的部分能随水流运动，颗粒态也能在水动力的作用下迁移，或者释放成为溶解态。有毒物质经过的另一个环境过程是生物积累和生物放大。经过生物积累和生物放大，有毒物质从低浓度的水体转移到高浓度的动物体内，某些动物组织中的 TOCs 浓度可超过周围水体浓度的上千倍。TOCs 来自人工合成，大多是难降解的，会在环境中长期积累。而重金属污染除了上述特点外，由于其自然背景（常常来源于岩石和矿物的溶解），污染更普遍和持久。采矿区周围的土壤，城市污水处理厂、工业污水、垃圾场渗漏和非点源径流中都可能存在重金属污染。

1.3.2 环境水力学视角的污染源分类

现在，我们从环境水力学的角度，即从影响污染物在水体中输运过程方面，来观察上面列举的这些污染源，以进行分类。

（1）以污染物进入水体的时间过程来分类。污染物在很短时间内泄入水体的，称瞬时源，例如短时间内漏泄事故的污染源。污染物持续泄入水体的，称为时间连续源，例如工厂的废水排出口。时间连续源又可分为恒定源和非恒定源（又称稳定源和非稳定源）。恒定源是指污染物质的排放速率恒定。

（2）以污染源相对于被污染的环境水体的空间关系来分类。对于所讨论的问题，源占有的空间尺度相对很小，可以当作一个点而不致影响精度时，这个源称为点源。如果源在空间上分布成一条线，占有一定长度，或者分布成一定面积，或者一定体积，而对于所讨论的问题，源的这种空间分布情况又不允许忽视的时候，就必须把它们作为"线源"、"面源"或"体源"。

（3）以混溶了污染物质的污水进入环境水体最初阶段的运动性状来分类。射流，污水相对于环境水体具有附加的动量，例如通过提升泵站的城市排污口排入江河的污水，出口流速较高，而且往往与河水流向成一交角。羽流，污水的密度小于环境水体的密度，因而具有浮力。许多情况下，污水同时具有动量和浮力，则称为浮射流。随流，污水没有附加动量和浮力，污染物质进入环境水体后，就随着水流一起运动。实际的污染源，常常是上述各种情况的不同组合，因此是多种多样的。

同样，我们从环境水力学的角度来关注各类污染物质，会对污染物的下面这些特性更为关心，因为它们将会影响其混合输运，或表观上影响着混合输运。

（1）污染物质的比重。一般地说，污染物的比重大于水者发生沉淀作用，污染物的比重小于水者会浮升到水的表层，这两类污染物在水内垂向上将产生不均匀分布及分层。污染物比重和水十分接近者，能和水混为一体，称为中和性物质。

（2）污染物的质量会不会起变化，即其质量会不会增加或减少、在什么条件下发生变化等。例如，许多有机物可以被氧化分解而减少，水中的溶解氧（通常用 DO 代表）可以因有机物氧化而消耗，也可以通过水面吸收空气中的氧及因水中藻类呼吸而恢复（通常称复氧）。而质量不增减的称为守恒物质（也有称保守物质）。

（3）物质的其他物理化学性质。例如，是溶解质，还是混悬体、胶体，会不会发生吸附、絮凝作用等，也影响混合输移过程。

1.4　污染物在水体内输运的主要方式

在不考虑化学作用与生物作用情况下，污染物质排入环境水体后，主要通过如下几种方式在水体中输移，并与水体混合。

（1）随流输移（advection）。当环境水体处于流动状态时，污染物质随着水体的质点一起迁移到新的位置。

（2）对流输移（convection）。由于温差或密度分层产生浮力作用而引起物质在垂直方向或水平方向的对流输移。

（3）扩散（diffusion）。包括分子扩散（molecular diffusion）和紊动扩散（turbulent diffusion）。分子扩散：在静止或流动的水体中，由于分子随机运动（布朗运动）引起的物质迁移。当水体内污染物浓度不均匀时，即存在浓度梯度时，污染物将从浓度高的地方向浓度低的地方迁移或扩散。紊动扩散是在紊动水流中由于流体质团的紊动而产生的扩散现象。紊动扩散比分子扩散快而且强烈。

（4）剪切分散（dispersion of shear flow）。实际水流在横断面或垂向流速分布不均匀，亦即在横向或垂向有流速梯度存在，这种流动可称为剪切流。在剪切流横向断面或垂向上的不同点处，污染物质随流输移的速度各不相同，横向或垂向的平均污染物浓度会因此而随流改变。这种剪切流作空间平均的简化处理而引起的附加的物质离散现象，叫做剪切分散。

污染物在水体中的几种输移方式往往交织在一起，通过这些输移方式，污染物与周围水体不断混合，其浓度不断降低。

在实际情况下，污染物质排入的环境水体可以是河流、湖泊、河口、近海、水库、人工渠道等，由于受着水文规律和水体边界的制约，以上环境水体的水力学特性各不相同，例如，河道流量有洪水季和枯水期的不同；河道由于存在顺直道和弯道，因而水流结构不同；湖泊往往有风生环流；深水水库会形成分层流或异重流；河口区存在盐淡水交汇；近海有涨落潮及大小潮等。环境水体水力学特性的差异对污染物的混合输移起着重要的作用，某些情况下甚至是决定性的作用。由于该内容不属于本课程的范畴，因此必须提醒的是，在研究具体环境问题时，必须仔细认真研究环境水体的水力学特征（读者可查阅相关书籍，本教材不再作具体介绍）。

总而言之，正是由于污染源时空不同、污染物质的特性各异和环境水体水力学特性的千差万别，组合成了丰富多彩的实际问题，也是环境水力学仍然需要不断探索研究的方向。

1.5 环境水力学的主要研究方法

环境水力学的研究方法主要有三种，即理论推导、数值计算、原位观测与模型试验。在解决实际十分复杂的问题时，有时还需要综合利用这三种方法。

1）理论推导

根据环境水力学基本原理（如连续性方程、动量方程、物质输运方程等），对实际问题进行理论分析和方程推导。这种方法的基础是量纲分析和数量级比较。通过量纲分析可以分析各变量间的关系，判断函数方程计量是否正确。通过数量级比较，忽略一些次要变量，仅考虑影响污染物输运的主要因素，通过方程求解，得到计算公式。比如在实际问题上，分析发现水流及边界条件相对比较简单，可以进行概化，从而求得在水体中污染物浓度时空分布的解析解。

2）数值计算

当水环境中流动情况和边界条件都复杂时，无法采用解析解计算，得益于计算机技术的快速发展，我们可以运用有限差分法、有限元法、有限体积法等方法对许多复杂问题进行数值模拟以求解数值解，数值模拟同样也是建立在水流及污染物输运迁移转化的基本方程基础上，针对模拟预测的水环境要素的变化规律建立的一整套数学计算程序和方法。一般地，对宽度和深度都比较小的河渠或小型河道，可采用一维水流水质模型计算断面平均的水流情况和浓度沿纵向的变化。对大江大河及水深较浅的湖泊、水库及河口海湾，可采用二维模型计算垂向平均的水流情况及浓度在水平上的分布。对深水域中的排放口近区，则需采用三维模型计算空间各点的水流情况和浓度分布。

3）原位观测与模型试验

当上述问题更为复杂时，对其规律认知也不足，无法进行理论推导或数值计算，就必须通过野外原位观测和室内模型试验的手段，找到一些经验性规律，以满足实际问题的需要。野外原位观测指在野外现场针对水体流动及污染物质输移扩散等现象进行观测，测量不同位置的流速与污染物浓度值；有时可以利用漂浮物和示踪剂来跟踪水流及污染物质去向。原位观测可为一般性规律的总结提供直观性依据。室内模型试验的基础是相似理论，模型比尺一般按照弗劳德准则设计，这样就可以在实验室内物理模型上进行相似水流运动的推演，得到规律后再推论到现实原型中。室内模型试验对象也可以是野外原位实际中的某一小部分，如排放口近区、水-沉积物释放机制研究，可想象为从原位中切割出"一小部分"，放到实验室，通过改变其边界条件，来研究其复杂变化规律。

思考题

（1）环境水力学的主要任务与作用是什么？
（2）从环境水力学的角度，污染源是如何分类的？
（3）污染物在水体内输运、混合的主要方式有哪些？
（4）环境水力学的主要研究方法有哪些？

第二章　污染物质输运方程

环境水力学的任务就是要回答污染物在水体中的混合输移的规律。当排入环境水体中后，污染物质究竟在环境水域中是如何运动的，对水体污染情况怎样，污染带的范围大小是多少（图 2-1），污染场浓度分布是多少，这些问题是我们最关心的。知道了污染物在水中的浓度分布，就可以对污染物排放的总量控制、环境保护规划方案、工程设计提供定量的判断。

那么，污染物在水体中输移扩散是否有一定规律可循？回答是肯定的，这种规律需要用数学语言来描述，这就是物质扩散输运的基本方程。

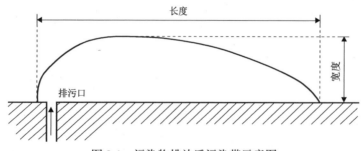

图 2-1　污染物排放后污染带示意图

2.1　描述物质扩散输运的基本方程

污染物质排入环境水体后，将发生扩散，并随着环境流体一起运动，如图 2-1所示。污染物质扩散包括由分子运动引起的分子扩散（molecular diffusion）及由流体紊动引起的紊动扩散（turbulent diffusion）。同时污染物质伴随着环境水体一起运动，在流场中从一处转移到另一处，这个过程称为随流输移。因此我们常常把物质发生传输的过程分解为由物质随同流体质点时均运动的随流输移、分子扩散以及紊动扩散。

如果我们能够知道描述随流输移扩散的数学表达式，就可以掌握污染物在水体中输移扩散规律，比如，我们坐动车从南京到上海，早上 8 点钟出发，知道动车的车速是 250km/h，那么我们就知道 8 点 1 刻动车的位置，因为我们知道了描述动车运动的数学描述，即距离等于速度乘时间 $S = vt$，因此要掌握污染物在水体中输移规律，就要知道描述随流输移的数学表达式，即描述物质扩散输运的基本方程。在推导基本方程之前，首先简要讨论一下扩散现象。

2.1.1 扩散现象与概念

在自然界中存在着物质扩散现象，污染物质会发生扩散，这是自然规律。浓度梯度引起的扩散是最直观的传质现象，作为物理学名词的扩散，是由物理量梯度引起的使该物理量平均化的物质迁移现象。

物质由于分子的无规则运动从高浓度区到低浓度区的净流动过程称为分子扩散。扩散现象是我们日常生活中常见的现象。如图 2-2 所示，如果在玻璃杯中放入一滴红墨水，尽管我们什么也没做，红墨水经过一段时间就慢慢散开了，这是墨水分子在水中扩散的结果；在静止水塘中，排入一团污水，没有任何人为的干预，可以看到污染水团向四周扩散的现象，而且扩散是三个方向，即为三维扩散。这种由于分子运动引起的扩散称为分子扩散，存在浓度差是产生分子扩散的必要条件。

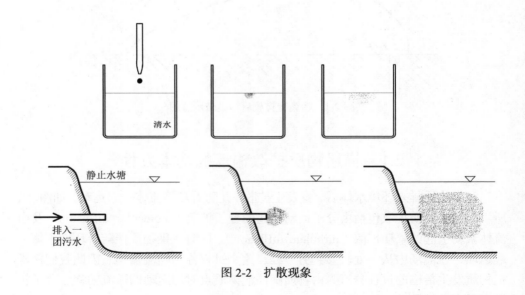

图 2-2 扩散现象

2.1.2 菲克扩散定律

首先提出分子扩散理论的是德国生理学家菲克（Fick，1855 年）。他从热传导理论得到启发，认为热在导体中的传导规律可以适用于盐分在溶液中的扩散现象。

菲克扩散定律可表述如下：单位时间内通过单位面积的溶解物质（扩散质）与溶质浓度在该面积的法线方向的梯度成比例。用数学表达为

$$F_x = -D\frac{\partial C}{\partial x} \tag{2-1}$$

式中：F_x——溶质在 x 方向的单位通量，x 是法线方向；

　　　C——溶质浓度；

　　　D——扩散系数，具有 $[L]^2/[T]$ 的量纲；

　　　$\dfrac{\partial C}{\partial x}$ ——溶质浓度在 x 方向的梯度。

式（2-1）中的负号"–"表明溶质从浓度高处向低处扩散，式（2-1）一般称为菲克第一定律。

菲克扩散定律虽脱胎于热传导的定律，是经验性的对宏观现象的描述，现在一般称它为经典的扩散理论，但分子扩散的实验证明它是正确的，基本上描述了分子的扩散现象，并且可以用近代分子运动理论来论证它的正确性。

扩散系数 D 一般称为分子扩散系数，影响分子扩散系数的因素有温度、浓度、浓度梯度、压力等，其中温度是最主要的因素，例如：

NaCl 在水中扩散系数

$$25℃时\ D = 1.61×10^{-5}\,\mathrm{cm}^2/\mathrm{s}$$

$$0℃时\ D = 0.784×10^{-5}\,\mathrm{cm}^2/\mathrm{s}$$

从菲克定律我们注意到，只要存在浓度梯度，必然发生物质扩散。人们把符合梯度型菲克扩散定律的扩散现象统称为菲克型扩散。

2.1.3　随流扩散方程

除了扩散作用外，污染物质还在受纳水体中随流输移运动，从这一处移动到下一处。随流扩散方程又称对流扩散方程，也常简称为扩散方程。是用欧拉法描述物质输运的基本方程。

分子扩散是指流体中由于分子随机运动所引起的质点分散现象，在扩散理论中为了简化分析，引入理想化示踪质的概念，简化模式如下：

（1）被扩散的物质或它的特性（以后统称为扩散质或示踪质），假定不改变流体质点的流动特性，例如含有污染物的水体的密度和不含污染物质的水的密度一样，黏滞性也一样等。很多溶解状态的污染物当其浓度较稀时，可以近似满足以上条件。

（2）流体质点所带有的扩散质，在整个运动过程中，在数量上假定保持不变。扩散质的扩散完全是带有扩散质的流体质点的空间位置变化的结果，这样就可以把污染物的质点看作是被标记的示踪水质点，完全作为水质点的一部分来进行分析。

（3）带有扩散质的流体质点的总体积 V，在扩散过程的任何瞬间均保持不变（对不可压缩流体而言）。但这个体积的轮廓形态是随时间而不断地变化着的。

现在我们来建立物质扩散方程，即分子扩散方程。在流场空间同时叠加有一浓度场，三个流速分量和浓度都是空间位置和时间的函数。

$$u = u(x, y, z, t); \ v = v(x, y, z, t); \ w = w(x, y, z, t)$$

$$C = C(x, y, z, t)$$

在场内取微小六面体作为控制单元体，边长分别为 $\mathrm{d}x, \mathrm{d}y, \mathrm{d}z$，如图 2-3 所示。对控制单元体作质量平衡研究，导出扩散方程。

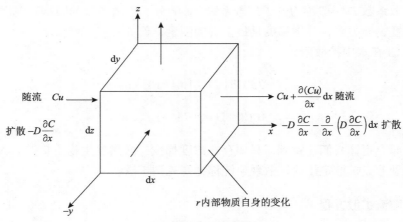

图 2-3　控制单元体

在 $\mathrm{d}t$ 时段，沿 x 轴方向从左面流入控制体的扩散质有两部分。

随流输入：$Cu \cdot \mathrm{d}y \cdot \mathrm{d}z \cdot \mathrm{d}t$

扩散输入：$-D \dfrac{\partial C}{\partial x} \cdot \mathrm{d}y \cdot \mathrm{d}z \cdot \mathrm{d}t$

从右面流出的随流输出：

$$\left[Cu + \frac{\partial (Cu)}{\partial x} \mathrm{d}x \right] \mathrm{d}y \cdot \mathrm{d}z \cdot \mathrm{d}t$$

扩散输出:

$$\left[-D\frac{\partial C}{\partial x} + \frac{\partial}{\partial x}\left(-D\frac{\partial C}{\partial x} \right)dx \right]dy \cdot dz \cdot dt$$

x 方向出去与进入的量之差为

$$\frac{\partial}{\partial x}\left(Cu - D\frac{\partial C}{\partial x} \right)dx \cdot dy \cdot dz \cdot dt$$

同理得 y 方向出去与进入的量之差为

$$\frac{\partial}{\partial y}\left(Cv - D\frac{\partial C}{\partial y} \right)dx \cdot dy \cdot dz \cdot dt$$

z 方向出去与进入的量之差为

$$\frac{\partial}{\partial z}\left(Cw - D\frac{\partial C}{\partial z} \right)dx \cdot dy \cdot dz \cdot dt$$

控制体内由于生物、化学等各种变化,扩散质的增生量为

$$r \cdot dxdydzdt$$

r 是单位时间内单位体积扩散质的增生量,如果扩散质衰减,则 r 本身为负值。控制体内由于浓度 C 的变化,扩散质的增加量为

$$\frac{\partial C}{\partial t}dxdydzdt$$

根据质量守恒定律写出控制体的质量平衡式

$$\frac{\partial C}{\partial t} = -\frac{\partial}{\partial x}\left(Cu - D\frac{\partial C}{\partial x} \right) - \frac{\partial}{\partial y}\left(Cv - D\frac{\partial C}{\partial y} \right) - \frac{\partial}{\partial z}\left(Cw - D\frac{\partial C}{\partial z} \right) + r$$

$$\frac{\partial C}{\partial t} + \frac{\partial(Cu)}{\partial x} + \frac{\partial(Cv)}{\partial y} + \frac{\partial(Cw)}{\partial z} = D\left(\frac{\partial^2 C}{\partial x^2} + \frac{\partial^2 C}{\partial y^2} + \frac{\partial^2 C}{\partial z^2} \right) + r \qquad (2\text{-}2)$$

此式即为随流扩散方程。

因为

$$\frac{\partial(Cu)}{\partial x} = C\frac{\partial u}{\partial x} + u\frac{\partial C}{\partial x}$$

$$\frac{\partial(Cv)}{\partial y}=C\frac{\partial v}{\partial y}+v\frac{\partial C}{\partial y}$$

$$\frac{\partial(Cw)}{\partial z}=C\frac{\partial w}{\partial z}+w\frac{\partial C}{\partial z}$$

所以

$$\frac{\partial(Cu)}{\partial x}+\frac{\partial(Cv)}{\partial y}+\frac{\partial(Cw)}{\partial z}=C\left(\frac{\partial u}{\partial x}+\frac{\partial v}{\partial y}+\frac{\partial w}{\partial z}\right)+u\frac{\partial C}{\partial x}+v\frac{\partial C}{\partial y}+w\frac{\partial C}{\partial z}$$

考虑到连续方程

$$\frac{\partial u}{\partial x}+\frac{\partial v}{\partial y}+\frac{\partial w}{\partial z}=0$$

所以式（2-2）可以写成

$$\frac{\partial C}{\partial t}+u\frac{\partial C}{\partial x}+v\frac{\partial C}{\partial y}+w\frac{\partial C}{\partial z}=D\left(\frac{\partial^2 C}{\partial x^2}+\frac{\partial^2 C}{\partial y^2}+\frac{\partial^2 C}{\partial z^2}\right)+r \qquad（2-3）$$

这是通常应用的形式。

2.1.4　紊流条件下的随流扩散方程

2.1.4.1　紊动扩散

在实际情况下，天然水体大部分是紊流，这样污染物质就会在紊动水流中由于流体质团的紊动而产生扩散现象，称为紊动扩散。

相对而言，分子扩散的速率是很缓慢的，紊动扩散比分子扩散快得多，强烈得多，有效得多。让我们回顾一下著名的雷诺试验，如图 2-4 所示，当试验装置长玻璃管中水流呈层流态时，从细管流出的红色水呈一线状，红线的末端和起始端差别不大。这是因为在层流里，红色水只存在分子扩散，分子扩散的效率很低，短时间内显示不出来。当管中流速增大，超过临界雷诺数进入紊流以后，红水由

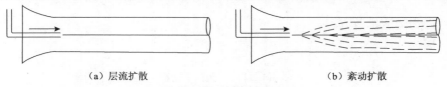

（a）层流扩散　　　　　　　　　　　　（b）紊动扩散

图 2-4　层流扩散和紊动扩散对比

细管流出以后即向四周扩散，使全部水流着色。这就是紊动扩散现象，可见紊动扩散的效率是很高的。在大气中，紊动扩散效率比分子扩散高 $10^5 \sim 10^6$ 倍，在水中也相差几个量级。

2.1.4.2　紊动时均下的随流扩散方程

如图 2-5 所示，我们在紊流下观察一条污染带，比较每一次观察的结果会发现，它的边界都是有所差异的，但是污染带总体趋势一致。式（2-3）随流扩散方程中的流速浓度都是瞬时值。对于紊流，我们讨论时均过程，而不必追求其细节。

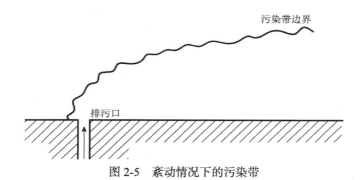

图 2-5　紊动情况下的污染带

将式（2-3）各项对时间取平均得

$$\frac{\overline{\partial C}}{\partial t} + \frac{\overline{\partial(Cu)}}{\partial x} + \frac{\overline{\partial(Cv)}}{\partial y} + \frac{\overline{\partial(Cw)}}{\partial z} = D\left(\frac{\overline{\partial^2 C}}{\partial x^2} + \frac{\overline{\partial^2 C}}{\partial y^2} + \frac{\overline{\partial^2 C}}{\partial z^2}\right) + \overline{r} \qquad （2\text{-}4\text{a}）$$

可以利用莱布尼茨微分变换式

$$\frac{\mathrm{d}}{\mathrm{d}x}\left(\int_{a(x)}^{b(x)} f(x,t)\mathrm{d}t\right) = f(x,b(x))b'(x) - f(x,a(x))a'(x) + \int_{a(x)}^{b(x)} \frac{\partial}{\partial x} f(x,t)\mathrm{d}t$$

特别地，当 $a(x)=a, b(x)=b$ 时，a、b 为常数，上式变为

$$\frac{\mathrm{d}}{\mathrm{d}x}\left(\int_{a}^{b} f(x,t)\mathrm{d}t\right) = \int_{a}^{b} \frac{\partial}{\partial x} f(x,t)\mathrm{d}t$$

这样就有

$$\frac{\partial \overline{C}}{\partial t} + \frac{\partial(\overline{Cu})}{\partial x} + \frac{\partial(\overline{Cv})}{\partial y} + \frac{\partial(\overline{Cw})}{\partial z} = D\left(\frac{\overline{\partial^2 C}}{\partial x^2} + \frac{\overline{\partial^2 C}}{\partial y^2} + \frac{\overline{\partial^2 C}}{\partial z^2}\right) + \overline{r} \qquad （2\text{-}4\text{b}）$$

先看一看 $\overline{Cu}$ 有什么结果。因为

$$C = \overline{C} + C', \ u = \overline{u} + u'$$

$$\overline{Cu} = \overline{\left(\overline{C} + C'\right)\left(\overline{u} + u'\right)} = \overline{\overline{C}\,\overline{u} + \overline{C}u' + C'\overline{u} + C'u'} = \overline{\overline{C}\overline{u}} + \overline{\overline{C}u'} + \overline{C'\overline{u}} + \overline{C'u'} = \overline{C} \cdot \overline{u} + \overline{C'u'}$$

类似有

$$\overline{Cv} = \overline{C} \cdot \overline{v} + \overline{C'v'}$$

$$\overline{Cw} = \overline{C} \cdot \overline{w} + \overline{C'w'}$$

对于

$$\overline{\frac{\partial^2 C}{\partial x^2}} = \overline{\frac{\partial}{\partial x}\left(\frac{\partial C}{\partial x}\right)} = \overline{\frac{\partial}{\partial x}\left(\frac{\partial(\overline{C} + C')}{\partial x}\right)} = \frac{\partial}{\partial x}\left(\frac{\partial \overline{C}}{\partial x}\right) = \frac{\partial^2 \overline{C}}{\partial x^2}$$

类似有

$$\overline{\frac{\partial^2 C}{\partial y^2}} = \frac{\partial^2 \overline{C}}{\partial y^2} \ ; \ \overline{\frac{\partial^2 C}{\partial z^2}} = \frac{\partial^2 \overline{C}}{\partial z^2}$$

这样，式（2-4b）变换成

$$\frac{\partial \overline{C}}{\partial t} + \frac{\partial}{\partial x}\left(\overline{C} \cdot \overline{u} + \overline{C'u'}\right) + \frac{\partial}{\partial y}\left(\overline{C} \cdot \overline{v} + \overline{C'v'}\right) + \frac{\partial}{\partial z}\left(\overline{C} \cdot \overline{w} + \overline{C'w'}\right)$$

$$= D\left(\frac{\partial^2 \overline{C}}{\partial x^2} + \frac{\partial^2 \overline{C}}{\partial y^2} + \frac{\partial^2 \overline{C}}{\partial z^2}\right) + \overline{r} \qquad\qquad （2\text{-}5）$$

又

$$\frac{\partial}{\partial x}\left(\overline{C} \cdot \overline{u}\right) = \overline{C}\frac{\partial \overline{u}}{\partial x} + \overline{u}\frac{\partial \overline{C}}{\partial x}$$

$$\frac{\partial}{\partial y}\left(\overline{C} \cdot \overline{v}\right) = \overline{C}\frac{\partial \overline{v}}{\partial y} + \overline{v}\frac{\partial \overline{C}}{\partial y}$$

$$\frac{\partial}{\partial z}\left(\overline{C} \cdot \overline{w}\right) = \overline{C}\frac{\partial \overline{w}}{\partial z} + \overline{w}\frac{\partial \overline{C}}{\partial z}$$

考虑到连续方程

$$\frac{\partial \overline{u}}{\partial x} + \frac{\partial \overline{v}}{\partial y} + \frac{\partial \overline{w}}{\partial z} = 0$$

所以将式（2-5）写成

$$\frac{\partial \overline{C}}{\partial t} + \overline{u}\frac{\partial \overline{C}}{\partial x} + \overline{v}\frac{\partial \overline{C}}{\partial y} + \overline{w}\frac{\partial \overline{C}}{\partial z} = -\frac{\partial \left(\overline{C'u'}\right)}{\partial x} - \frac{\partial \left(\overline{C'v'}\right)}{\partial y} - \frac{\partial \left(\overline{C'w'}\right)}{\partial z} + D\nabla^2 \overline{C} + \overline{r} \quad （2\text{-}6）$$

比较一下式（2-6）与式（2-3），除掉对应的各项外，式（2-6）多了等号右面的前三项，而且困难在于 $\overline{C'u'}$、$\overline{C'v'}$、$\overline{C'w'}$ 无从知道。这三项的物理意义是紊流中的三个坐标方向的紊动输移通量，即紊动扩散量。

为了求解浓度 $\overline{C}$，我们下面引入关键性处理。很多实验证明，把紊动扩散与分子扩散相比拟，采用菲克定律是可行的。即令

$$-\overline{C'u'} = E_x\frac{\partial \overline{C}}{\partial x} \quad , \quad \frac{\partial \left(\overline{C'u'}\right)}{\partial x} = -\frac{\partial}{\partial x}\left(E_x\frac{\partial \overline{C}}{\partial x}\right) = -E_x\frac{\partial^2 \overline{C}}{\partial x^2}$$

$$-\overline{C'v'} = E_y\frac{\partial \overline{C}}{\partial y} \quad , \quad \frac{\partial \left(\overline{C'v'}\right)}{\partial y} = -\frac{\partial}{\partial y}\left(E_y\frac{\partial \overline{C}}{\partial y}\right) = -E_y\frac{\partial^2 \overline{C}}{\partial y^2} \qquad （2\text{-}7）$$

$$-\overline{C'w'} = E_z\frac{\partial \overline{C}}{\partial z} \quad , \quad \frac{\partial \left(\overline{C'w'}\right)}{\partial z} = -\frac{\partial}{\partial z}\left(E_z\frac{\partial \overline{C}}{\partial z}\right) = -E_z\frac{\partial^2 \overline{C}}{\partial z^2}$$

式（2-6）可以写成

$$\frac{\partial \overline{C}}{\partial t} + \overline{u}\frac{\partial \overline{C}}{\partial x} + \overline{v}\frac{\partial \overline{C}}{\partial y} + \overline{w}\frac{\partial \overline{C}}{\partial z}$$

$$= \left(E_x + D\right)\frac{\partial^2 \overline{C}}{\partial x^2} + \left(E_y + D\right)\frac{\partial^2 \overline{C}}{\partial y^2} + \left(E_z + D\right)\frac{\partial^2 \overline{C}}{\partial z^2} + \overline{r} \qquad （2\text{-}8）$$

因为实际上 $D \ll E$（除壁面邻近区域紊动受到限制以外），分子扩散项 D 一般可以忽略。或者有的表述成 E 吸收了 D。以后为了书写简便起见，方程中的上短横不再加上，而约定对于紊流来讲，各项统指时间平均值，这样式（2-8）写为

$$\frac{\partial C}{\partial t} + u\frac{\partial C}{\partial x} + v\frac{\partial C}{\partial y} + w\frac{\partial C}{\partial z} = E_x\frac{\partial^2 C}{\partial x^2} + E_y\frac{\partial^2 C}{\partial y^2} + E_z\frac{\partial^2 C}{\partial z^2} + r \qquad （2\text{-}9）$$

式中：E_x、E_y、E_z ——纵向、横向、垂向紊动扩散系数。

该式即为紊动扩散方程，是用欧拉法分析紊动扩散的基础。

若 $E_x = E_y = E_z = E$ 时，有

$$\frac{\partial C}{\partial t} + u\frac{\partial C}{\partial x} + v\frac{\partial C}{\partial y} + w\frac{\partial C}{\partial z} = E\left(\frac{\partial^2 C}{\partial x^2} + \frac{\partial^2 C}{\partial y^2} + \frac{\partial^2 C}{\partial z^2}\right) + r \qquad （2-10）$$

比较式（2-10）与式（2-3），分子扩散方程与紊动扩散方程在数学形式上是一样的，但意义已有不同。

一般情况下，当考虑污染物存在降解时，方程式可表示为

$$\frac{\partial C}{\partial t} + u\frac{\partial C}{\partial x} + v\frac{\partial C}{\partial y} + w\frac{\partial C}{\partial z} = E_x\frac{\partial^2 C}{\partial x^2} + E_y\frac{\partial^2 C}{\partial y^2} + E_z\frac{\partial^2 C}{\partial z^2} - KC \qquad （2-11）$$

式中：K——污染物降解系数。

当有了随流扩散方程，若又已知所研究问题的定解条件时，就可以得到微分方程的解，即给出指定条件下的浓度分布 $C = C(x, y, z, t)$，对水质在空间上和时间上作出模拟。然而随流扩散方程是一个二阶偏微分方程，直接求解普遍解是很困难的，但对简单情况下的问题，我们是可以得到解析解的，这将在第三章作介绍。而对一些较为复杂的问题，则需应用数值求解的方法，甚至借助原位观测试验与室内物理模型进行研究，这方面内容读者可参阅有关文献。

在水质模型中，污染物在水体中的分布，除了受随流、扩散这类物理作用的影响外，同时受污染物的化学作用、生物化学作用的影响。这些作用在式（2-9）的 r 项中以不同形式给出，例如，对于溶解氧 BOD-DO（生物化学需氧量-溶解氧）的水质模型可建立下面类型的公式：

$$\frac{\partial C}{\partial t} + u\frac{\partial C}{\partial x} + v\frac{\partial C}{\partial y} + w\frac{\partial C}{\partial z} = E\left(\frac{\partial^2 C}{\partial x^2} + \frac{\partial^2 C}{\partial y^2} + \frac{\partial^2 C}{\partial z^2}\right) - K_1 L + K_2(O_s - C) + \cdots \qquad （2-12）$$

$$\frac{\partial L}{\partial t} + u\frac{\partial L}{\partial x} + v\frac{\partial L}{\partial y} + w\frac{\partial L}{\partial z} = E\left(\frac{\partial^2 L}{\partial x^2} + \frac{\partial^2 L}{\partial y^2} + \frac{\partial^2 L}{\partial z^2}\right) - K_1 L + \cdots \qquad （2-13）$$

式中：C——溶解氧；

　　　L——BOD 的浓度；

　　　K_1——耗氧系数；

　　　K_2——复氧系数；

　　　O_s——饱和溶解氧。

式（2-12）、式（2-13）等号右端第二项以后各项表达出 DO、BOD 自身的增减规律。这只是举一个例子，更为复杂的水质模型将在第七章作介绍。

2.2 紊动扩散系数

在方程式（2-9）中，出现了纵向、横向和垂向紊动扩散系数 E_x、E_y 和 E_z，紊动扩散系数在扩散过程中起着十分重要的作用，实际天然河道普遍具有三维的、不均匀的流速场，许多情况下还是不恒定的，因此河流的紊动扩散系数的确定也十分复杂。纵向、横向和垂向紊动扩散系数一般数值不同，而且随着空间位置甚至时间而变化。计算污染物质在河流中的浓度分布，求解扩散方程时，紊动扩散系数是一个重要而不易确定的参数，它常常带有经验系数的性质，要依靠室内试验或现场观测加以确定。本书中我们从规则的情况出发，进而提供一些经验性的参考数值。

2.2.1 紊动扩散系数的一般表达式

在实际情形中，紊动扩散系数的经验公式一般表达为

$$E = \alpha h u_* \qquad （2-14）$$

这样，纵向、横向与垂向紊动扩散系数分别可写为

$$\begin{cases} E_x = \alpha_x h u_* \\ E_y = \alpha_y h u_* \\ E_z = \alpha_z h u_* \end{cases} \qquad （2-15）$$

式中： α ——无量纲紊动扩散系数；

h ——水深；

u_* ——摩阻流速。

一般地，$\alpha_x \neq \alpha_y \neq \alpha_z$，因而确定紊动扩散系数 E 可以转而确定 α 值。

2.2.2 垂向紊动扩散系数

在研究污染物质的混合时，我们采用雷诺提出的假设，即紊流脉动所引起的动量、质量、热量掺混交换作用是相似的，这样可以认为质量交换系数和动量交换系数完全一样。在水力学教程中给出的动量交换系数 E_m 表达为

$$E_m = \frac{\tau}{\rho \dfrac{du}{dz}} \qquad （2-16）$$

恒定二维均匀明渠水流的垂向时均流速分量为零，垂向紊动扩散支配了垂向混合过程，所以我们可以用这种水流的垂向质量交换系数代表垂向紊动扩散系数。

已知二维明渠垂向流速分布（图 2-6）表达式为

$$u = \frac{u_*}{\kappa} \ln z + c_1 \qquad (2\text{-}17)$$

式中：

$$u_* = \sqrt{\frac{\tau_0}{\rho}} \qquad (2\text{-}18)$$

τ_0——渠底切应力；

κ——卡门常数，理论上为 0.4；

c_1——常数。

则

$$\frac{\mathrm{d}u}{\mathrm{d}z} = \frac{u_*}{\kappa} \cdot \frac{1}{z} \qquad (2\text{-}19)$$

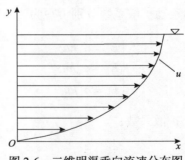

图 2-6　二维明渠垂向流速分布图

二维明渠的切应力在垂向呈直线分布，垂向任一点 z 处的切应力 τ 和渠底切应力 τ_0 的关系如下：

$$\tau = \tau_0 \left(1 - \frac{z}{h} \right) \qquad (2\text{-}20)$$

将式（2-18）代入得

$$\tau = \rho u_*^2 \left(1 - \frac{z}{h} \right) \qquad (2\text{-}21)$$

将式（2-19）、式（2-21）代入式（2-16），得

$$E_z = E_m = \frac{u_*^2\left(1-\dfrac{z}{h}\right)}{\dfrac{u_*}{\kappa}\cdot\dfrac{1}{z}} = u_*\left(1-\frac{z}{h}\right)\kappa z \qquad （2\text{-}22）$$

从式（2-22）可见 E_z 在垂向上呈二次曲线分布，这个结果已由 Jobson 和 Sayre（1970）在水槽染料垂向混合的实验证实。

将 E_z 沿深度平均，取 $\kappa=0.4$，就得到很有用的结果。令

$$\eta = \frac{z}{h}$$

则

$$E_z = \kappa\eta\left(1-\eta\right)u_*h$$

有

$$\overline{E_z} = \int_0^1 \kappa\eta\left(1-\eta\right)u_*h\,\mathrm{d}\eta = \frac{1}{6}\kappa u_*h = 0.067u_*h$$

这是推导出来的沿垂线平均的垂向紊动扩散系数的理论关系，与式（2-14）形式上正好相吻合。

2.2.3 横向紊动扩散系数

河流横向紊动扩散系数 E_y 难以用公式直接计算，人们首先对于顺直河道的横向紊动扩散系数进行了大量试验研究。费歇尔（Fischer）进行统计分析后指出，大多数情况下，顺直河道的无量纲横向混合系数 α_y 的取值可按下列规则进行采用：

顺直矩形河道：0.1～0.2，一般采用 0.15；

顺直灌溉渠道：0.24～0.25。

弯曲河道与不规则河岸的横向紊动扩散系数也引起了研究者的关注，弯曲河道中水流结构复杂，横向二次环流的产生加大了污染物在横向上的扩散与混合，断面流速与浓度的分布也因此更加紊乱与不均匀。Boxall 等（2003）通过示踪实验探索了弯道二次流对横向混合的影响，发现水流进入弯道后，二次流影响逐渐增加，横向速度也随之增大，最大速度出现在二次流作用最强烈的弯道顶点处，进入顺直河道部分，二次流逐渐消失，横向速度随之降低。二次流的出现促使弯曲河道中污染物横向混合能力提高。有学者在弯曲河道研究中发现，在纵向上趋向周期变化，通常在弯曲点下游达到最大值，大约是平均值的两倍，而上游点大

约为平均值的一半，是最小值。此外，两岸不同丁坝形态、单弯曲与连续弯曲、急弯与缓弯以及不同曲率等不规则情况都对横向紊动扩散系数形成不同的影响。弯曲、不规则河道的横向紊动扩散系数使用时可粗略地采用 0.4～0.8。

天然河流中情况有时更加复杂，横断面形状很不规则，河宽不一致，有的地方突然束窄，有的地方突然放大，河道弯曲段与顺直段交替不规律存在，对横向紊动扩散系数影响很大。

对于不同的河流或明渠，水力条件迥异，即使在同一河流不同河段水流结构、水力条件等也会存在较大的差异。由于受河道断面形态等参数影响，仅用一个常数不能很好地诠释横向紊动扩散系数，因此，学者们一直在不断地探索研究，提出了无量纲横向紊动扩散系数关于河宽、水深、河流弯曲率、剪切速度等参数的表达式，本书归纳了相关学者的研究成果进展，如表 2-1 所示。

表 2-1　无量纲横向紊动扩散系数表达式

研究者	α_y 的表达式	备注
Fischer（1969）	$\alpha_y \propto \left(\dfrac{\bar{u}}{u_*}\right)^2 \left(\dfrac{h}{R}\right)^2$	$\bar{u}$ 为平均速度；u_* 为剪切速度；R 为曲率半径；h 为水深
Yotsukura 和 Sayre（1976）	$\alpha_y = 1750\left(\dfrac{\bar{u}}{u_*}\right)^2 \left(\dfrac{h}{R}\right)^2$	$\bar{u}$ 为平均速度；u_* 为剪切速度；R 为曲率半径；h 为水深
Stefan 和 Gulliver（1978）	$\alpha_y = 0.022(B/h)^{0.75}$	B 为河宽；h 为水深
周云（1995）	$\alpha_y = 0.186(B/h)^{0.277}$	B 为河宽；h 为水深
幸治国和蒋良维（1994）	$\alpha_y = 0.228 S^{1.67}\left(\dfrac{\bar{u}^{0.48}}{u_*^{0.24}}\right)\left(\dfrac{B}{h}\right)^{0.089}$	$\bar{u}$ 为平均速度；u_* 为剪切速度；B 为河宽；S 为曲率半径
慕金波和侯克复（1991）	$\alpha_y = 0.0091\left(\dfrac{\bar{u}}{u_*}\right)^{0.85}\left(\dfrac{B}{h}\right)^{0.22}$	$\bar{u}$ 为平均速度；u_* 为剪切速度；B 为河宽；h 为水深
蒋忠锦等（1997）	$\alpha_y = \dfrac{0.6944}{\ln(2h/H_2)}$	H_2 为采样点实际水深，h 为平均水深
王志明（1996）	$\alpha_y = -0.92 + 0.81\lg(B/h)$	B 为河宽；h 为水深
Deng 等（2001）	$\alpha_y = 0.145 + \left(\dfrac{1}{3520}\right)\left(\dfrac{\bar{u}}{u_*}\right)\left(\dfrac{B}{h}\right)^{1.38}$	$\bar{u}$ 为平均速度；u_* 为剪切速度；B 为河宽；h 为水深
郑旭荣等（2002）	$\alpha_y = \dfrac{\kappa}{6}\dfrac{\left(\dfrac{\beta+1}{\beta}\right)^{3/2}\left(1-\xi^\beta\right)^{3/2}}{\lambda}$	β 为断面形态参数；κ 为卡门常数；ξ 为无量纲横向坐标；λ 为垂、横向混合系数比值

续表

研究者	α_y 的表达式	备注
Albers 和 Steffler（2007）	$\alpha_y = B_1 \dfrac{0.31}{\kappa^5}\left(C_* \dfrac{h}{R}\right)^2\left(1 - e^{-2\kappa/C_* x_c/h}\right)$	κ 为卡门常数；B_1 为修正系数；C_* 为无量纲谢才系数
Baek 和 Seo（2011）	$\alpha_y = \dfrac{1}{6\kappa}\left(\dfrac{v_s}{u_*}\right)^2$	v_s 为水表面横向速度；κ 为卡门常数；u_* 为剪切速度

2.2.4 纵向紊动扩散系数

纵向混合过程和横向混合、垂向混合过程都有区别。纵向混合过程中随流作用往往大大超过纵向紊动扩散作用。所以用比较粗糙的办法估计纵向紊动扩散系数 E_x，其误差对纵向混合计算结果影响不大。

一般假定纵向紊动扩散系数与垂向紊动扩散系数相同。

$$E_x = E_z = 0.067hu_* \tag{2-23}$$

也有人认为纵向混合与横向混合都没有边界限制它们的运动（严格说来横向混合还是有边界限制的），可假定其紊动扩散系数为同一数量级。取

$$E_x \approx E_y \text{ 或 } E_x \approx 3E_y \tag{2-24}$$

实际上 E_x, E_y, E_z 三者的确切数值并不相同，但在河流中其相对大小一般可排列为

$$E_x > E_y > E_z \tag{2-25}$$

思考题

（1）物质扩散输运的基本方程是什么？

（2）紊动扩散系数的计算表达式是什么？

第三章　简化情况下污染物浓度计算基本公式

前章已述，随流扩散方程是一个二阶线性偏微分方程，求解析解是很困难的。本章将对一些简化条件下的问题给出解析解，得到基本的公式，虽然其假定不完全符合天然实际情况，但这些解对污染物浓度分布给出了有用的定量估算，给读者以随流扩散后浓度场一个明晰的图像，并且可以有条件地近似应用于实际问题中。

由于随流扩散方程是二阶线性偏微分方程，假如定解条件也是线性的，就可以运用叠加原理求解方程。叠加原理是指在物理学中，几个外力作用在一个物体上所产生的加速度，可以用这些单个外力各自单独作用在该物体上所产生的加速度相加而得出。对于采用线性扩散方程计算的污染物浓度分布，同样具有可叠加的特性。也就是说，如果水体空间存在多个污染源，那么这些源引起的总浓度分布是单个污染源所引起的浓度分布的叠加，当问题涉及边界时，在这种叠加中可以使用像源法。

本章我们也是从最简单的情形开始讨论，逐步深入。下面先讨论静止环境情形，再讨论流动情况，最后讨论有边界存在的情况，并适当举例说明。

3.1　静止环境中的解析解

首先讨论最简单的情况，守恒物质在静止流体中的扩散。所谓守恒物质，是指在扩散过程中物质本身既不增生，也不衰减。

$$\frac{\partial C}{\partial t} + u\frac{\partial C}{\partial x} + v\frac{\partial C}{\partial y} + w\frac{\partial C}{\partial z} = D\left(\frac{\partial^2 C}{\partial x^2} + \frac{\partial^2 C}{\partial y^2} + \frac{\partial^2 C}{\partial z^2}\right) + r \tag{3-1}$$

当式（3-1）中的流速度 u、v、w 都是零时，则扩散方程简化为

$$\frac{\partial C}{\partial t} = D\left(\frac{\partial^2 C}{\partial x^2} + \frac{\partial^2 C}{\partial y^2} + \frac{\partial^2 C}{\partial z^2}\right) \tag{3-2}$$

3.1.1　集中瞬时源基本解

瞬时源是指在 $t = 0$ 时刻，在原点、瞬时、集中投入质量为 M 的扩散质。求得瞬时源释放以后任一时刻，在无限空间中的浓度分布是扩散方程最基本的解。

1）瞬时平面源的一维扩散

先看一维扩散。设想有一根直的无限长的均匀断面的水管，截面积是一个单位，管内原装有静止的洁净的水，垂直于管轴，瞬时投入一薄片红色染液。薄片厚 $\Delta x \to 0$，质量为 M。随即红色染液在水管中扩散开来，由于管壁的限制，而且染液薄片充满了整个断面，所以染液只沿长度方向扩散。随着扩散时间增长，散布到两端的染液浓度不断增加，对于这样一种扩散现象，因为染液是瞬时呈一垂直面投入水中的，所以称瞬时平面源。而染液只在一个坐标方向上扩散，所以称一维扩散，见图 3-1。

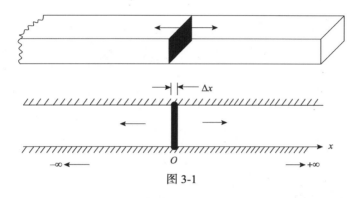

图 3-1

令染液投入点为坐标原点，$x = 0$，描述这个扩散过程的微分方程是

$$\begin{cases} \dfrac{\partial C}{\partial t} = D\dfrac{\partial^2 C}{\partial x^2} \\ C(x,0) = M\delta(x) \\ C(x,t) \to 0, \quad x \to \pm\infty \end{cases} \tag{3-3}$$

式中：C——染液的浓度，$C = C(x,t)$；

$\delta(x)$——脉冲函数（即狄拉克函数）；

M——瞬时投入单位面积上的质量。

解：将式（3-3）两边对 x 作傅里叶变换，分别有

$\dfrac{\partial C}{\partial t}$ 对 x 作傅里叶变换：

$$F\left(\frac{\partial C}{\partial t}\right) = \int_{-\infty}^{\infty} \frac{\partial C}{\partial t}\cdot e^{-i\omega x}dx = \int_{-\infty}^{\infty}\frac{\partial}{\partial t}\left(Ce^{-i\omega x}\right)dx = \frac{\partial}{\partial t}\int_{-\infty}^{\infty}Ce^{-i\omega x}dx = \frac{dF[C]}{dt} \tag{3-4a}$$

同样，$D\dfrac{\partial^2 C}{\partial x^2}$ 对 x 作傅里叶变换：

$$F\left(D\frac{\partial^2 C}{\partial x^2}\right) = -D\omega^2 F[C] \qquad （3\text{-}4b）$$

$M\delta(x)$ 的傅里叶变换：

$$F\left[M\delta(x)\right] = \int_{-\infty}^{\infty} M\delta(x)\mathrm{e}^{-\mathrm{i}\omega x}\mathrm{d}x = M\mathrm{e}^{-\mathrm{i}\omega x}\big|_{x=0} = M$$

即

$$F[C]_{t=0} = F\left[M\delta(x)\right] = M \qquad （3\text{-}5）$$

所以式（3-3）变成

$$\begin{cases} \dfrac{\mathrm{d}F[C]}{\mathrm{d}t} = -D\omega^2 F[C] \\ F[C]_{t=0} = M \end{cases} \qquad （3\text{-}6）$$

对式（3-6）求解，得

$$F[C] = M\mathrm{e}^{-D\omega^2 t} \qquad （3\text{-}7）$$

求式（3-7）的傅里叶逆变换，即

$$C(x,t) = \frac{1}{2\pi}\int_{-\infty}^{+\infty} F[C]\mathrm{e}^{\mathrm{i}\omega x}\mathrm{d}\omega = \frac{1}{2\pi}\int_{-\infty}^{+\infty} M\mathrm{e}^{-D\omega^2 t}\mathrm{e}^{\mathrm{i}\omega x}\mathrm{d}\omega$$

可以得到

$$C(x,t) = \frac{M}{\sqrt{4\pi D t}}\mathrm{e}^{-\frac{x^2}{4Dt}} \qquad （3\text{-}8）$$

此即为式（3-3）的解。

式（3-8）描述了在 $t=0$ 时刻，在 $x=0$ 处瞬时投放质量为 M 的平面源的一维扩散浓度分布，即扩散质浓度 C 随 x、t 的变化状况和过程。进一步讨论如下：

（1）浓度 $C(x,t)$ 是以 t 为参变量的正态分布函数，根据不同的时间 t 值，可以沿 x 轴画出不同的正态分布曲线，曲线在 x 轴方向伸向无穷远。在 $t=0$ 时，即源刚刚投入水中，浓度分布的峰值是很高的，随着时间 t 增长，峰值衰减得很快，分布变得矮胖，趋于均匀化。不同的扩散时间 t，浓度有不同的正态分布曲线，这是瞬时源的重要特点，见图 3-2。

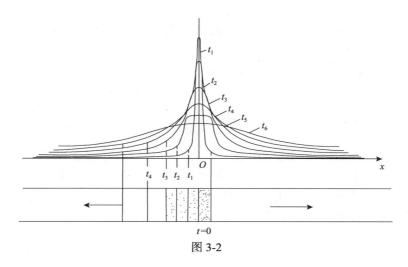

图 3-2

同时，$\int_{-\infty}^{\infty} C(x,t)\mathrm{d}x = M$ 浓度分布曲线下的面积，代表水管中扩散质的总质量，显然等于投入的扩散质的质量 M。这也进一步说明了公式的正确性。

（2）对分布函数求二阶矩，由于数学期望值为零，所以得方差

$$\sigma^2 = \int_{-\infty}^{\infty} x^2 \times \frac{1}{\sqrt{4\pi Dt}} \mathrm{e}^{-\left(\frac{x^2}{4Dt}\right)} \mathrm{d}x \qquad (3\text{-}9)$$

令

$$y = \frac{x}{\sqrt{2Dt}}$$

即

$$\mathrm{d}y = \frac{\mathrm{d}x}{\sqrt{2Dt}}$$

式（3-9）变为

$$\sigma^2 = \frac{2Dt}{\sqrt{2\pi}} \int_{-\infty}^{\infty} y^2 \mathrm{e}^{-\frac{y^2}{2}} \mathrm{d}y = \frac{4Dt}{\sqrt{2\pi}} \int_{0}^{\infty} y^2 \mathrm{e}^{-\frac{y^2}{2}} \mathrm{d}y = \frac{4Dt}{\sqrt{2\pi}} \times \frac{\sqrt{2\pi}}{2} = 2Dt \qquad (3\text{-}10)$$

所以

$$\sigma = \sqrt{2Dt} \tag{3-11}$$

这样就得到了分布曲线的标准差 σ 和扩散系数 D 的关系。标准差 σ 是表征分布分散程度的一个特征量，浓度曲线分布越分散，σ 越大，曲线越趋平缓。

将式（3-11）代入，式（3-8）可改写为

$$C(x,t) = \frac{M}{\sqrt{2\pi}\sigma} \mathrm{e}^{\frac{-x^2}{2\sigma^2}} \tag{3-12}$$

【例 3-1】 有一条很长的小型河流，河道宽 3.0m，水深 2.0m，在某一断面突然发生污染事故，有 12kg 的有毒污染物在很短时间内进入，扩散系数为 80cm²/s，请问 15min 后离事故断面 20m 处的浓度值多大？

解：可以看作一维瞬时源，利用公式

$$C(x,t) = \frac{M}{\sqrt{4\pi Dt}} \mathrm{e}^{-\frac{x^2}{4Dt}}$$

对于本题：

$$D = 80 \text{ cm}^2/\text{s} = 0.008 \text{ m}^2/\text{s}$$

$$M = \frac{12.0\text{kg}}{3.0\text{m} \times 2.0\text{m}} = \frac{12.0 \times 10^3 \text{g}}{3.0\text{m} \times 2.0\text{m}} = 2.0 \times 10^3 \text{g/m}^2$$

$$t = 15 \text{ min} = 900 \text{ s}$$

代入上式得

$$C(20\text{m}, 900\text{s}) = \frac{2 \times 10^3}{\sqrt{4 \times 3.14 \times 0.008 \times 900}} \mathrm{e}^{-\frac{20^2}{4 \times 0.008 \times 900}}$$

$$= 1.954 \times 10^{-4} \text{g/m}^3 = 1.954 \times 10^{-4} \text{ mg/L}$$

2）瞬时线源的二维扩散

二维环境水体可设想为单位深度的平底湖泊，湖泊的水平面 x、y 方向是无限大的。二维扩散可以想象为：在平底湖泊中间，瞬时投放进一条垂直污染棒，污染棒面积 $\mathrm{d}x\mathrm{d}y \to 0$，可以看成一条线源，污染物质在 x、y 方向扩散，见图 3-3。

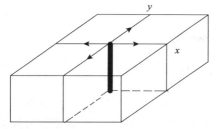

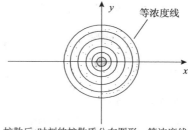

（a）垂向均匀线源，瞬时投放，向x、y方向扩散　　　　（b）扩散后t时刻的扩散质分布图形，等浓度线呈同心圆

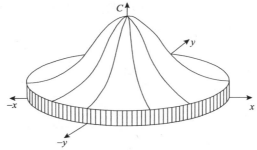

（c）曲面高度表示浓度值，为二维正态分布曲面

图 3-3

二维扩散方程为

$$\frac{\partial C}{\partial t} = D\left(\frac{\partial^2 C}{\partial x^2} + \frac{\partial^2 C}{\partial y^2}\right) \tag{3-13}$$

Carslaw 和 Jaeger 曾经做出理论推导，认为扩散作用在各个方向是各自独立、互不干扰的。数理统计理论指出，独立随机变量的联合分布符合"概率乘法规则"。所以浓度的二维分布：

$$C(x,y,t) = C_1(x,t) \cdot C_2(y,t) \tag{3-14}$$

若瞬时投入的质量为 M，可解得（证略）

$$C(x,y,t) = \frac{M}{4\pi Dt}\exp\left(-\frac{x^2}{4Dt} - \frac{y^2}{4Dt}\right) \tag{3-15a}$$

或

$$C(x,y,t) = \frac{M}{2\pi\sigma^2}\exp\left(-\frac{x^2}{2\sigma^2} - \frac{y^2}{2\sigma^2}\right) \tag{3-15b}$$

若 x、y 方向扩散系数不同，则

$$C(x,y,t) = \frac{M}{4\pi t \sqrt{D_y D_x}} \exp\left(-\frac{x^2}{4D_x t} - \frac{y^2}{4D_y t}\right) \tag{3-16}$$

【例 3-2】　在一静止的大型浅水湖泊中，突然发生船舶污染事故，含酸污染物质泄漏量 50kg，湖泊水深 2m，x 和 y 方向的扩散系数不同，扩散系数分别是 150cm²/s 和 100cm²/s，求：①以泄漏点为原点，在与 x 方向夹角为 45° 的 200m 处的浓度随时间变化过程；②1h 后 x 方向 40m、y 方向 20m 处湖水含酸的浓度值。

解：应用公式（3-16）

$$C(x,y,t) = \frac{M}{4\pi t \sqrt{D_y D_x}} \exp\left(-\frac{x^2}{4D_x t} - \frac{y^2}{4D_y t}\right)$$

$$M = \frac{50 \text{ kg}}{2 \text{ m}} = \frac{50 \times 10^3 \text{ g}}{2 \text{ m}} = 25000 \text{ g/m}$$

$$D_x = 150\text{cm}^2/\text{s} = 0.015\text{m}^2/\text{s}；\quad D_y = 100\text{cm}^2/\text{s} = 0.01\text{m}^2/\text{s}$$

①在与 x 方向夹角为 45° 的 200m 处的浓度随时间变化过程

在与 x 方向夹角为 45° 的 200m 处有 4 个点，分别是 $(100\sqrt{2},100\sqrt{2})$；$(100\sqrt{2}, -100\sqrt{2})$；$(-100\sqrt{2},100\sqrt{2})$；$(-100\sqrt{2},-100\sqrt{2})$，根据上面公式分析，4 个点位的值是相同的。这样，其浓度的时间变化过程为

$$C(t) = \frac{25000}{4 \times 3.14 \times t \times \sqrt{0.015 \times 0.01}} \exp\left[-\frac{(100\sqrt{2})^2}{4 \times 0.015 \times t} - \frac{(100\sqrt{2})^2}{4 \times 0.01 \times t}\right]$$

$$= \frac{165870}{t} \exp\left(-\frac{833333}{t}\right)$$

②1h 后 x 方向 40m、y 方向 20m 处湖水含酸的浓度值

$$x = 40\text{m}, \quad y = 20\text{m}, \quad t = 1\text{h} = 3600\text{s}$$

$$C(40\text{m}, 20\text{m}, 3600\text{s})$$

$$= \frac{25000}{4 \times 3.14 \times 3600 \times \sqrt{0.015 \times 0.01}} \exp\left[-\frac{(40)^2}{4 \times 0.015 \times 3600} - \frac{(20)^2}{4 \times 0.01 \times 3600}\right]$$

$$\approx 1.8 \times 10^{-3} \text{g/m}^3$$

3）瞬时点源的三维扩散

三维环境可以设想为静止的大海与深水湖泊等巨大水体，三个方向都是无限的。瞬时点源的三维扩散可以想象成在巨大水体中间，瞬时投入一微小体积 $dxdydz \to 0$ 的污染物，源好似一个点，污染物质将向三个坐标方向扩散。当 x、y、z 方向的扩散系数相等，且为常数情况下，由于质量 M 所形成的浓度 C，对于源点呈球状对称，等浓度面是以源点为中心的同心球面。该浓度场是三维正态分布。

三维扩散方程为

$$\frac{\partial C}{\partial t} = D\left(\frac{\partial^2 C}{\partial x^2} + \frac{\partial^2 C}{\partial y^2} + \frac{\partial^2 C}{\partial z^2}\right) \tag{3-17}$$

同理可得解

$$C(x,y,z,t) = \frac{M}{(4\pi Dt)^{3/2}} \exp\left(-\frac{x^2}{4Dt} - \frac{y^2}{4Dt} - \frac{z^2}{4Dt}\right) \tag{3-18}$$

或写为

$$C(x,y,z,t) = \frac{M}{(\sqrt{2\pi}\sigma)^3} \exp\left(-\frac{x^2}{2\sigma^2} - \frac{y^2}{2\sigma^2} - \frac{z^2}{2\sigma^2}\right) \tag{3-19}$$

瞬时源二维和三维扩散的解析式还可以改写如下：

令在二维情况下

$$x^2 + y^2 = r^2$$

则二维扩散的解

$$C(r,t) = \frac{M}{\left(\sqrt{2\pi}\sigma\right)^2} \exp\left(\frac{-r^2}{2\sigma^2}\right) \tag{3-20}$$

同样在三维情况下

$$x^2 + y^2 + z^2 = r^2$$

则三维扩散的解

$$C(r,t) = \frac{M}{\left(\sqrt{2\pi}\sigma\right)^3} \exp\left(\frac{-r^2}{2\sigma^2}\right) \tag{3-21}$$

以上所有公式还应注意到一、二、三维扩散问题中源强 M 的计算单位。

一维扩散：平面源，M 是投放在源平面单位面积上的质量。

二维扩散：线源，M 是投放在线源单位长度上的质量。

三维扩散：点源，M 是投放质量。

注意到上面各类扩散源，在时间上是集中的——瞬时投放，在空间上对应于扩散方向也是集中在微小尺度上的。但实际上，经常会遇到源不是微小尺度，在空间上也占有一定尺度，下面我们就讨论这种情况。

3.1.2　初始空间分布源的解

1）一维初始延伸分布源

在一条长管中，左端 $x \leqslant 0$，充满了浓度均匀的红染液，污染物浓度为 C_0，管子的右端 $x > 0$，装满清水，如图 3-4 所示。在 $t = 0$ 时，突然启开隔离红染液和清水的闸板。管左端的红染液立即向右端扩散，初始状态被打破。这样一种初始浓度分布具有瞬时源的特征，左边的红染液源是无限延伸的，扩散只在 x 方向的一维展开。运用叠加原理，我们来求得管子右端（$x > 0$）的浓度时空分布。

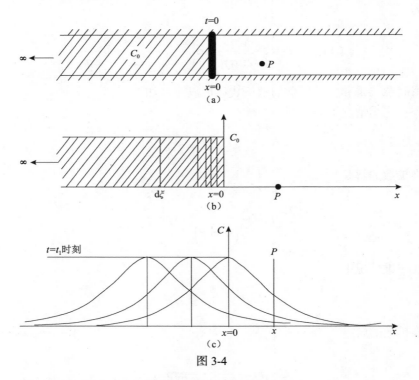

图 3-4

描述一维初始延伸分布源的扩散的微分方程可写为

$$
\begin{cases}
\dfrac{\partial C}{\partial t} = D\dfrac{\partial^2 C}{\partial x^2} \\
C = C_0, \quad x \leqslant 0, t = 0 \\
C = 0, \qquad x > 0, t = 0
\end{cases}
\tag{3-22}
$$

首先分析一下扩散现象的物理概念。

（1）把管左端无限延伸的染液看作由连续无穷多个微小单元 $\mathrm{d}\xi$ 组成，每一个 $\mathrm{d}\xi$ 具有质量 $C_0\mathrm{d}\xi = \mathrm{d}m$。每一个微元可以看作一个瞬时平均面源，$\mathrm{d}m$ 向右边扩散，引导出一个分浓度场，因此在右端任意一点 P 处，该分浓度场有一个浓度值 $C(P)$。

（2）管右端 $x > 0$ 的浓度场是所有各个 $\mathrm{d}\xi$ 微元引导的分浓度场的叠加。对于 P 点而言，该点的实际浓度值是所有各个 $\mathrm{d}\xi$ 扩散至这点的浓度的总和。

（3）瞬时源的浓度分布和时间 t 有关（是 t 的函数），随着扩散时间的增长，分布图形变得低平，反映了扩散质向离开源的方向迁移。所以当 $t = 0$、染液的隔离闸开启后，在不同时刻 t，每一微元引导的分浓度场的浓度分布是与扩散时间 t 相应的浓度分布。

有了上面的分析，我们可以按这思路建立数学表达式，最后求得实际的浓度分布函数。

（1）首先建立坐标体系，为了便于理解，采用空间坐标，如图 3-5 所示。

x 系坐标原点在源处，讨论点 P 距原点是 x；

ξ 系坐标原点在 P 处，瞬时平面微元 $\mathrm{d}\xi$ 距原点是 ξ。

时间坐标 t，以隔离闸开启的瞬时为原点，$t = 0$，讨论的时刻为 t。

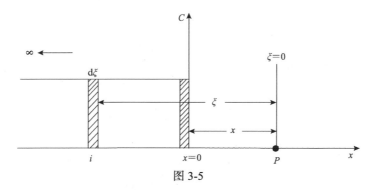

图 3-5

（2）这样 t 时刻每一 $\mathrm{d}\xi$ 微元引导的浓度分布引用式（3-8）为

$$
\mathrm{d}C(x,t) = \frac{\mathrm{d}m}{\sqrt{4\pi Dt}}\exp\left(\frac{-\xi^2}{4Dt}\right) = \frac{C_0\mathrm{d}\xi}{\sqrt{4\pi Dt}}\exp\left(\frac{-\xi^2}{4Dt}\right)
\tag{3-23}
$$

（3）P 点的总浓度为染液各微元引导的浓度的总和，即对源求和

$$C(x,t) = \int_x^\infty \frac{C_0}{\sqrt{4\pi Dt}} \exp\left(\frac{-\xi^2}{4Dt}\right) \mathrm{d}\xi \qquad (3-24)$$

为求解式（3-24），令

$$\eta = \frac{\xi}{\sqrt{4Dt}}$$

有

$$\mathrm{d}\eta = \frac{\mathrm{d}\xi}{\sqrt{4Dt}}$$

当 $\xi = x$ 时

$$\eta = \frac{x}{\sqrt{4Dt}}$$

当 $\xi = \infty$ 时

$$\eta = \infty$$

代入式（3-24），得

$$C(x,t) = \frac{C_0}{\sqrt{\pi}} \int_{\frac{x}{\sqrt{4Dt}}}^{\infty} \mathrm{e}^{-\eta^2} \mathrm{d}\eta = \frac{C_0}{2} \mathrm{erfc}\left(\frac{x}{\sqrt{4Dt}}\right) \qquad (3-25)$$

式中：$\mathrm{erfc}(\cdot)$ ——余误差函数。

可求得一端无限的（瞬时）初始延伸分布源的浓度分布函数。

数学上定义误差函数

$$\mathrm{erf}(z) = \frac{2}{\sqrt{\pi}} \int_0^z \mathrm{e}^{-t^2} \mathrm{d}t \qquad (3-26)$$

由误差函数的定义可以导出

$$\begin{cases} \mathrm{erf}(-z) = -\mathrm{erf}(z) \\ \mathrm{erf}(0) = 0 \\ \mathrm{erf}(\infty) = 1 \end{cases} \qquad (3-27)$$

又定义余误差函数

$$\mathrm{erfc}(z) = \frac{2}{\sqrt{\pi}} \int_z^\infty \mathrm{e}^{-t^2} \mathrm{d}t \qquad (3\text{-}28)$$

并且

$$\mathrm{erf}(z) + \mathrm{erfc}(z) = 1$$

误差函数值见表 3-1。

表 3-1　误差函数值

z	$\mathrm{erf}(z)$	z	$\mathrm{erf}(z)$
0.0	0.0	1.0	0.8427
0.1	0.1125	1.2	0.9103
0.2	0.2227	1.4	0.9523
0.3	0.3286	1.6	0.9763
0.4	0.4284	1.8	0.9891
0.5	0.5205	2.0	0.9953
0.6	0.6039	2.5	0.9996
0.7	0.6778	3.0	0.99998
0.8	0.7421	……	……
0.9	0.7969	∞	1.0

式（3-25）的图形如图 3-6 所示，显示了管内浓度分布随时间的变化情况。

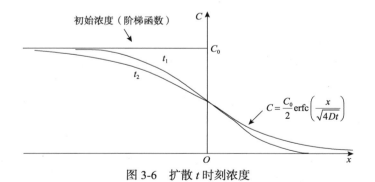

图 3-6　扩散 t 时刻浓度

2）一维初始有限分布源

假如上例红染液的初始分布不是一端无限，而是局限在一定范围中，如图 3-7 染料向两端扩散。微分表达式为

$$\begin{cases} \dfrac{\partial C}{\partial t} = D \dfrac{\partial^2 C}{\partial x^2} \\ C = C_0, \quad -h \leqslant x \leqslant h, t = 0 \\ C = 0, \quad x < -h\text{或}x > h, t = 0 \end{cases} \tag{3-29}$$

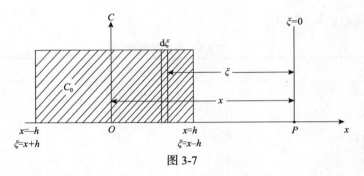

图 3-7

式（3-29）求解方法同上例，只需把求总浓度时的积分区间作相应的变换就行了。

$$C(x,t) = \int_{x-h}^{x+h} \frac{C_0}{\sqrt{4\pi Dt}} \exp\left(\frac{-\xi^2}{4Dt}\right) \mathrm{d}\xi \tag{3-30}$$

同样令

$$\eta = \frac{\xi}{\sqrt{4Dt}}$$

则

$$\mathrm{d}\eta = \frac{\mathrm{d}\xi}{\sqrt{4Dt}}$$

当 $\xi = x + h$ 时

$$\eta = \frac{x+h}{\sqrt{4Dt}}$$

当 $\xi = x - h$ 时

$$\eta = \frac{x-h}{\sqrt{4Dt}}$$

所以

$$C(x,t) = \int_{\frac{x-h}{\sqrt{4Dt}}}^{\frac{x+h}{\sqrt{4Dt}}} \frac{C_0}{\sqrt{\pi}} \exp(-\eta^2) \mathrm{d}\eta$$

$$= \frac{C_0}{\sqrt{\pi}} \left(\int_0^{\frac{x+h}{\sqrt{4Dt}}} \mathrm{e}^{-\eta^2} \mathrm{d}\eta - \int_0^{\frac{x-h}{\sqrt{4Dt}}} \mathrm{e}^{-\eta^2} \mathrm{d}\eta \right)$$

$$= \frac{C_0}{2} \left[\mathrm{erf}\left(\frac{x+h}{\sqrt{4Dt}} \right) - \mathrm{erf}\left(\frac{x-h}{\sqrt{4Dt}} \right) \right]$$

$$= \frac{C_0}{2} \left[\mathrm{erf}\left(\frac{h+x}{\sqrt{4Dt}} \right) + \mathrm{erf}\left(\frac{h-x}{\sqrt{4Dt}} \right) \right]$$

则

$$C(x,t) = \frac{C_0}{2} \left[\mathrm{erf}\left(\frac{h+x}{\sqrt{4Dt}} \right) + \mathrm{erf}\left(\frac{h-x}{\sqrt{4Dt}} \right) \right] \tag{3-31}$$

这就是一维初始有限分布源的解。

【例3-3】 某一条洁净河流，宽30m，水深3m，水流基本静止不动，其中一段已经发生黑臭污染，长约100m，假定某污染物浓度为50mg/L，扩散系数为800 cm²/s，不考虑降解作用，请问2h后在黑臭段中心下游100m处浓度是多少？

解：利用公式

$$C(x,t) = \frac{C_0}{2} \left[\mathrm{erf}\left(\frac{h+x}{\sqrt{4Dt}} \right) + \mathrm{erf}\left(\frac{h-x}{\sqrt{4Dt}} \right) \right]$$

式中

$$C_0 = 50 \text{ mg/L}$$

$$h = \frac{100}{2} \text{ m} = 50\text{m}$$

$$x = 100 \text{ m}$$

$$t = 2 \text{ h} = 7200 \text{ s}$$

$$D = 800 \text{ cm}^2/\text{s} = 0.08 \text{ m}^2/\text{s}$$

$$C(100 \text{ m}, 7200 \text{ s}) = \frac{50}{2} \left[\mathrm{erf}\left(\frac{50+100}{\sqrt{4 \times 0.08 \times 7200}} \right) + \mathrm{erf}\left(\frac{50-100}{\sqrt{4 \times 0.08 \times 7200}} \right) \right]$$

$$= 3.52 \text{ mg/L}$$

3）二维和三维初始有限分布源

二维初始有限分布源可以看成在单位深度的二维水体中有一个初始的污染柱

作为源。污染柱的浓度为 C_0，其平面尺寸是 x 方向长 $2a$，y 方向宽 $2b$，垂向 z 与环境水体同样深，因而不考虑 z 方向扩散作用，只有 x、y 方向扩散，见图 3-8。

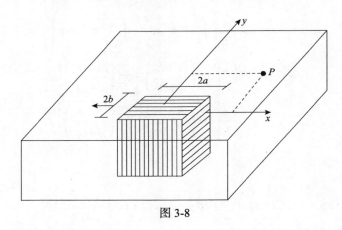

图 3-8

其微分方程可表示为

$$\begin{cases} \dfrac{\partial C}{\partial t} = D\left(\dfrac{\partial^2 C}{\partial x^2} + \dfrac{\partial^2 C}{\partial y^2}\right) \\ C = C_0, \quad -a \leqslant x \leqslant a, -b \leqslant y \leqslant b, t = 0 \\ C = 0, \quad x < -a, x > a, y < -b, y > b, t = 0 \end{cases} \tag{3-32}$$

解为

$$C(x,y,t) = \frac{C_0}{4}\left[\text{erf}\left(\frac{a-x}{\sqrt{4Dt}}\right) + \text{erf}\left(\frac{a+x}{\sqrt{4Dt}}\right)\right] \times \left[\text{erf}\left(\frac{b-y}{\sqrt{4Dt}}\right) + \text{erf}\left(\frac{b+y}{\sqrt{4Dt}}\right)\right] \tag{3-33}$$

三维初始有限分布源可以想象在一个巨大水体中有一块立方体作为污染源，其浓度为 C_0，立方体 x 向长 $2a$，y 向高 $2b$，z 向宽 $2c$，污染物作三维扩散。

把坐标原点定在立方体的中心。微分方程为

$$\begin{cases} \dfrac{\partial C}{\partial t} = D\left(\dfrac{\partial^2 C}{\partial x^2} + \dfrac{\partial^2 C}{\partial y^2} + \dfrac{\partial^2 C}{\partial z^2}\right) \\ C = C_0, \quad -a \leqslant x \leqslant a, -b \leqslant y \leqslant b, -c \leqslant z \leqslant c, t = 0 \\ C = 0, \quad x < -a, x > a, y < -b, y > b, z < -c, z > c, t = 0 \end{cases} \tag{3-34}$$

解为

$$C(x,y,z,t) = \frac{C_0}{8}\left[\mathrm{erf}\left(\frac{a-x}{\sqrt{4Dt}}\right) + \mathrm{erf}\left(\frac{a+x}{\sqrt{4Dt}}\right)\right]$$

$$\times\left[\mathrm{erf}\left(\frac{b-y}{\sqrt{4Dt}}\right) + \mathrm{erf}\left(\frac{b+y}{\sqrt{4Dt}}\right)\right]$$

$$\times\left[\mathrm{erf}\left(\frac{c-z}{\sqrt{4Dt}}\right) + \mathrm{erf}\left(\frac{c+z}{\sqrt{4Dt}}\right)\right] \qquad （3\text{-}35）$$

3.1.3　时间连续源的解

以上讨论的都是瞬时源，许多情形下污染源是连续排放的。例如工厂的污水管道持续不断地排出污水，称为时间连续源。现在就讨论时间连续源自投放开始以后，在无限空间中浓度的时空分布。现讨论较简单的一维扩散。

1）一维扩散时间连续源

这是指在静止的一维环境中（如一条长长的管道），在某个固定断面，持续不断地投入污染物质，使该处维持一个恒定的浓度为 C_0 的平面源，也就是它的源是时间连续的，扩散具有一维的特性。

设源断面为空间坐标的原点 $x=0$，开始投放时刻为时间起点 $t=0$。微分方程写为

$$\begin{cases} \dfrac{\partial C}{\partial t} = D\dfrac{\partial^2 C}{\partial x^2} \\ C = 0, \quad -\infty < x < \infty, t = 0 \\ C = C_0, \quad x = 0, t > 0 \\ C \to 0, \quad x \to \pm\infty, t > 0 \end{cases} \qquad （3\text{-}36）$$

用拉普拉斯变换求解。把 x 当作参变量，作 $C(x,t)$ 关于 t 的拉普拉斯变换。

$$L\left[C(x,t)\right] = \overline{C}(x,P) = \int_0^\infty C(x,t)\mathrm{e}^{-Pt}\mathrm{d}t$$

原方程（3-36）转化为

$$\begin{cases} P\overline{C} = D\dfrac{\mathrm{d}^2\overline{C}}{\mathrm{d}x^2} \\ \overline{C}\big|_{x=0} = \dfrac{C_0}{P} \end{cases} \qquad （3\text{-}37）$$

求式（3-37）的通解

$$\overline{C} = C_1 \mathrm{e}^{-\frac{\sqrt{P}}{\sqrt{D}}x} + C_2 \mathrm{e}^{\frac{\sqrt{P}}{\sqrt{D}}x} \tag{3-38a}$$

由边界条件，当 $x \to +\infty$ 时，要求 $C_2=0$

$$\overline{C} = C_1 \mathrm{e}^{-\frac{\sqrt{P}}{\sqrt{D}}x}$$

当 $x \to -\infty$ 时，要求 $C_1=0$

$$\overline{C} = C_2 \mathrm{e}^{\frac{\sqrt{P}}{\sqrt{D}}x}$$

综合起来，此时令 x 为离原点的距离，即 $x \geqslant 0$，则有

$$\overline{C} = C_1 \mathrm{e}^{-\frac{\sqrt{P}}{\sqrt{D}}x} \tag{3-38b}$$

当 $x = 0$ 时，并引用式（3-37）

$$C_1 = \overline{C} = \frac{C_0}{P}$$

将 C_1 代入式（3-38b）得

$$\overline{C} = \frac{C_0}{P} \mathrm{e}^{-\frac{\sqrt{P}}{\sqrt{D}}x} \tag{3-38c}$$

求 $\overline{C}$ 的像源函数，即作拉普拉斯逆变换得解

$$C(x,t) = C_0 \mathrm{erfc}\left(\frac{x}{\sqrt{4Dt}}\right) \tag{3-39}$$

该式表达了一维扩散时间连续源引导的浓度时空分布。

2）三维扩散时间连续源

如有一根排污管道，恒定地向一巨大的静止水体排出污染物，那么这个排污口在三维扩散条件下形成的浓度时空分布是怎样的呢？

设一排污管道空间坐标的原点 O，空间任意一点 P 的坐标是 $P(x, y, z)$，P 至原点 O 的距离是 r，$r = \sqrt{x^2 + y^2 + z^2}$。管道开始排污时刻为 $t=0$，污染物排出的速率（强度）为 m（g/s）（m=const）。

微分方程：

$$\frac{\partial C}{\partial t} = D\left(\frac{\partial^2 C}{\partial x^2} + \frac{\partial^2 C}{\partial y^2} + \frac{\partial^2 C}{\partial z^2}\right) \qquad (3\text{-}40)$$

我们先对连续排放过程作一分析：

（1）把污染物连续排放的时间 t 看成由无数多个微小时间单元 $\mathrm{d}t'$ 连续组成。每一微小时段 $\mathrm{d}t'$ 排出污染物质量为 $m\mathrm{d}t'$，看成瞬时脉冲点源，所以时间连续源可以看作无限多个瞬时源连接而成。

（2）每一瞬时脉冲源 $m\mathrm{d}t'$ 产生一个分浓度场，在时刻 t 空间任意一点 P 有相应的分浓度 $\mathrm{d}C$。

（3）时刻 t、P 点的实际浓度是自排放开始 $t=0$ 起，到讨论时刻 t 止，空间任意一点 $m\mathrm{d}t'$ 瞬时脉冲源产生的浓度总和。也就是用时间叠加方法求得浓度总和。

引用三维扩散瞬时点源的解函数式（3-21），瞬时脉冲源引导的浓度分布是

$$\mathrm{d}C = \frac{m\mathrm{d}t'}{\left(\sqrt{2\pi}\sigma\right)^3}\exp\left(\frac{-r^2}{2\sigma^2}\right) \qquad (3\text{-}41)$$

在时刻 t，任意一点 P 的总浓度是式（3-41）对时间 t' 积分，积分区间为从 0 到 t，即

$$C(r,t) = \int_0^t \mathrm{d}C = \int_0^t \frac{m}{\left(\sqrt{2\pi}\sigma\right)^3}\exp\left(\frac{-r^2}{2\sigma^2}\right)\mathrm{d}t' \qquad (3\text{-}42)$$

瞬时源 $m\mathrm{d}t'$ 释放时刻是 t'，讨论时刻是 t，源释放至讨论时刻的时间间隔是 $t-t'$，则有

$$\sigma = \sqrt{2D(t-t')} \qquad (3\text{-}43)$$

将上式代入式（3-42）得

$$\begin{aligned}
C(r,t) &= \int_0^t \frac{m}{\left[\sqrt{2\pi}\times\sqrt{2D(t-t')}\right]^3}\exp\left[\frac{-r^2}{4D(t-t')}\right]\mathrm{d}t' \\
&= \frac{m}{8(\pi D)^{3/2}}\int_0^t \exp\left[\frac{-r^2}{4D(t-t')}\right]\frac{\mathrm{d}t'}{(t-t')^{3/2}}
\end{aligned} \qquad (3\text{-}44)$$

令

$$\eta = \frac{r}{2\sqrt{D(t-t')}}$$

则

$$\mathrm{d}\eta = \frac{r}{4\sqrt{D}(t-t')^{3/2}}\mathrm{d}t$$

当 $t' = 0$ 时

$$\eta = \frac{r}{2\sqrt{Dt}}$$

当 $t' = t$ 时

$$\eta = \infty$$

式（3-44）变为

$$
\begin{aligned}
C(r,t) &= \frac{m}{8(\pi D)^{3/2}} \times \frac{4\sqrt{D}}{r} \int_{\frac{r}{2\sqrt{Dt}}}^{\infty} \mathrm{e}^{-\eta^2}\mathrm{d}\eta \\
&= \frac{m}{4\pi Dr} \times \frac{2}{\sqrt{\pi}} \int_{\frac{r}{2\sqrt{Dt}}}^{\infty} \mathrm{e}^{-\eta^2}\mathrm{d}\eta \\
&= \frac{m}{4\pi Dr} \mathrm{erfc}\left(\frac{r}{\sqrt{4Dt}}\right)
\end{aligned}
$$

即

$$C(r,t) = \frac{m}{4\pi Dr} \mathrm{erfc}\left(\frac{r}{\sqrt{4Dt}}\right) \qquad （3-45）$$

此式即为时间连续三维扩散的解。

3.2　流动环境中的扩散解析解

前面讨论的都是静水环境中的扩散问题，大量的实际问题是污染物排放到河流等动水环境中去，前已述及，污染物在动水中同时伴有随流输移和扩散输移。天然水流大多属于紊流，所以需用紊动流扩散方程描述污染物在动水中的传播。假设空间上为无限方向，我们仍然先讨论瞬时源，后讨论时间连续源。

3.2.1　均匀流中的瞬时源

这一节只讨论均匀流中的瞬时源形成的浓度分布问题。假定水体是无边界的一维纵向流动，流速 $u = \mathrm{const}$，v，w 为零。扩散在三个方向都存在，但扩散系数三个方向相同，均为 E 且是常量。若污染物瞬时投入强度为 M，投入时刻为 $t = 0$，投入位置为空间坐标原点，坐标系为（x, y, z, t），可写出微分方程如下：

$$\begin{cases} \dfrac{\partial C}{\partial t} + u \dfrac{\partial C}{\partial x} = E\left(\dfrac{\partial^2 C}{\partial x^2} + \dfrac{\partial^2 C}{\partial y^2} + \dfrac{\partial^2 C}{\partial z^2} \right) \\ C(x, y, z, 0) = M\delta(x)\delta(y)\delta(z) \end{cases} \tag{3-46}$$

我们可以采用变换坐标系的办法进行计算，这时，建立跟随水流时均流速 u 移动的新坐标系（x', y', z', t'）。那么，在流速为 u 的动水中，扩散质的水流扩散运动相对于移动坐标来讲，恰恰是单纯的扩散运动。

令新坐标

$$\begin{cases} t' = t \\ x' = x - ut \\ y' = y \\ z' = z \end{cases} \tag{3-47}$$

有

$$\begin{cases} \dfrac{\partial}{\partial t} = \dfrac{\partial}{\partial x'} \dfrac{\partial x'}{\partial t} + \dfrac{\partial}{\partial t'} \dfrac{\partial t'}{\partial t} = -u \dfrac{\partial}{\partial x'} + \dfrac{\partial}{\partial t'} \\ \dfrac{\partial}{\partial x} = \dfrac{\partial}{\partial x'} \dfrac{\partial x'}{\partial x} + \dfrac{\partial}{\partial t'} \dfrac{\partial t'}{\partial x} = \dfrac{\partial}{\partial x'} \\ \dfrac{\partial^2}{\partial x^2} = \dfrac{\partial^2}{\partial x'^2}; \ \dfrac{\partial^2}{\partial y^2} = \dfrac{\partial^2}{\partial y'^2}; \ \dfrac{\partial^2}{\partial z^2} = \dfrac{\partial^2}{\partial z'^2} \end{cases} \tag{3-48}$$

将式（3-48）代入式（3-46）有

$$\dfrac{\partial C}{\partial t'} = E\left(\dfrac{\partial^2 C}{\partial x'^2} + \dfrac{\partial^2 C}{\partial y'^2} + \dfrac{\partial^2 C}{\partial z'^2} \right) \tag{3-49}$$

由三维扩散方程的解式（3-18）得

$$C(x', y', z', t') = \dfrac{M}{(4\pi E t')^{3/2}} \exp\left(-\dfrac{x'^2}{4Et'} - \dfrac{y'^2}{4Et'} - \dfrac{z'^2}{4Et'} \right) \tag{3-50}$$

将上式变换回原固定坐标系 (x, y, z, t)，得

$$C(x, y, z, t) = \dfrac{M}{(4\pi E t)^{3/2}} \exp\left[-\dfrac{(x - ut)^2}{4Et} - \dfrac{y^2}{4Et} - \dfrac{z^2}{4Et} \right] \tag{3-51}$$

此即随流（一维）扩散（三维）瞬时源的解函数，表达了扩散浓度随时间和空间位置变化的规律。

如果在均匀流中只存在瞬时源的二维扩散，微分方程为

$$\begin{cases} \dfrac{\partial C}{\partial t} + u\dfrac{\partial C}{\partial x} = E\left(\dfrac{\partial^2 C}{\partial x^2} + \dfrac{\partial^2 C}{\partial y^2}\right) \\ C(x,y,0) = M\delta(x)\delta(y) \end{cases} \tag{3-52}$$

解是

$$C(x,y,t) = \dfrac{M}{4\pi Et}\exp\left[-\dfrac{(x-ut)^2}{4Et} - \dfrac{y^2}{4Et}\right] \tag{3-53}$$

在均匀流中瞬时源的一维扩散时微分方程为

$$\begin{cases} \dfrac{\partial C}{\partial t} + u\dfrac{\partial C}{\partial x} = E\dfrac{\partial^2 C}{\partial x^2} \\ C(x,0) = M\delta(x) \end{cases} \tag{3-54}$$

解是

$$C(x,t) = \dfrac{M}{\sqrt{4\pi Et}}\exp\left[\dfrac{-(x-ut)^2}{4Et}\right] \tag{3-55}$$

同样，建立跟随水流时均流速 u 移动坐标系的方法也可以拓展到其他情形，下面举一个例子说明。

【例 3-4】　在某一城市小型河道上有一节制闸，该闸关闭已有较长时间，闸的上游富集有一段污水，其长度约 50m，浓度 100mg/L，现突然开闸，污水随之向下游移动，假设河流流速均匀可看作一维问题，河流的平均流速为 0.8m/s，E 取 2.0m²/s，求 1h 后，节制闸下游 2.8km 处的浓度值。

解：这是一个一维初始分布源在均匀流中的扩散问题，如图 3-9 所示，可写出微分方程如下：

$$\begin{cases} \dfrac{\partial C}{\partial t} + u\dfrac{\partial C}{\partial x} = E\dfrac{\partial^2 C}{\partial x^2} \\ C = C_0, \quad -h \leqslant x \leqslant h,\, t=0 \\ C = 0, \quad\ \ x < -h\text{或}x > h,\, t=0 \end{cases}$$

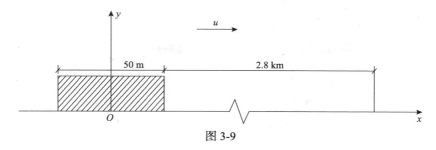

图 3-9

通过建立移动坐标系方法与推导，可得

$$C(x,t) = \frac{C_0}{2}\left[\text{erf}\left(\frac{h+x-ut}{\sqrt{4Et}}\right) + \text{erf}\left(\frac{h-x+ut}{\sqrt{4Et}}\right)\right]$$

根据题意可知

$$h = \frac{50\text{ m}}{2} = 25\text{ m}，\ x = 2800\text{ m}+25\text{ m} = 2825\text{ m}，\ u = 0.8\text{ m/s}，$$

$$C_0 = 100\text{ mg/L}，\ E = 2.0\text{ m}^2/\text{s}，\ t = 1\text{ h} = 3600\text{ s}$$

代入方程得

$$C(2825\text{ m},3600\text{ s}) = \frac{100}{2}\left[\text{erf}\left(\frac{25+2825-0.8\times3600}{\sqrt{4\times2\times3600}}\right) + \text{erf}\left(\frac{25-2825+0.8\times3600}{\sqrt{4\times2\times3600}}\right)\right]$$
$$= 15.69\text{ mg/L}$$

3.2.2　均匀流中的连续稳定源

在恒定均匀的水流中，由一个恒定的时间连续点源（简称稳定点源）所引起的浓度分布同上例一样，设均匀流的流速为 u，扩散系数三个方向相同且是常量 E，稳定点源的投放速率（强度）是 m（单位时间投入的质量）。

写出微分方程为

$$\frac{\partial C}{\partial t} + u\frac{\partial C}{\partial x} = E\left(\frac{\partial^2 C}{\partial x^2} + \frac{\partial^2 C}{\partial y^2} + \frac{\partial^2 C}{\partial z^2}\right) \qquad （3\text{-}56）$$
$$m = \text{const}$$

与静止环境中的时间连续源类似，一个在单位时间内投放质量 m 的稳定点源可以作为一系列的瞬时点源来处理。其中每个瞬时点源在时间 t'，在原点释出的质量为 $m\text{d}t'$。我们来考察这些瞬时点源中的一个，当污染物质进入水中，立即发生扩散，同时又全部随着水流移向下游。

由瞬时点源 $m\mathrm{d}t'$ 引导得分浓度场 $\mathrm{d}C$ 引用式（3-51）得

$$\mathrm{d}C = \frac{m\mathrm{d}t'}{\left[4\pi E(t-t')\right]^{3/2}} \exp\left\{\frac{-\left[x-u(t-t')\right]^2 - y^2 - z^2}{4E(t-t')}\right\} \quad (3\text{-}57)$$

式中：$t-t'$ —— t' 时刻的瞬时源入水到讨论时刻 t 的时间间隔。

在时间 t，稳定点源形成的总浓度场是从 $t'=0$ 到 $t'=t$ 时间内释放的所有瞬时点源 $m\mathrm{d}t'$ 所引导的浓度场的叠加。

$$C(x,y,z,t) = \int_0^t \mathrm{d}C = \int_0^t \frac{m}{\left[4\pi E(t-t')\right]^{3/2}} \exp\left\{\frac{-\left[x-u(t-t')\right]^2 - y^2 - z^2}{4E(t-t')}\right\} \mathrm{d}t' \quad (3\text{-}58)$$

这就是均匀流中时间连续源形成的浓度场的一般式。当 u 和 m 是常数时，可以得出解析解。

令

$$\varsigma = \frac{\sqrt{x^2+y^2+z^2}}{\sqrt{4E(t-t')}} = \frac{r}{\sqrt{4E(t-t')}}$$

则

$$\mathrm{d}\varsigma = \frac{r}{4\sqrt{E}}\left(t-t'\right)^{-3/2}\mathrm{d}t'$$

当 $t'=0$ 时

$$\varsigma = \frac{r}{\sqrt{4Et}}$$

当 $t'=t$ 时

$$\varsigma = \infty$$

$$\beta_1 = \frac{ru}{4E}$$

将上式代入式（3-58）得

$$C(x,y,z,t) = \left(\frac{m\times\mathrm{e}^{\frac{xu}{2E}}}{2\pi^{3/2}Er}\right)\int_{\frac{r}{\sqrt{4Et}}}^{\infty}\mathrm{e}^{-\left(\varsigma^2+\frac{\beta_1^2}{\varsigma^2}\right)}\mathrm{d}\varsigma \quad (3\text{-}59)$$

当 $t \to \infty$ 时，则

$$\frac{r}{\sqrt{4Et}} \to 0$$

浓度场达到稳定的分布。所以稳定态的式（3-60）变为

$$C(x,y,z) = \frac{m\mathrm{e}^{\frac{xu}{2E}}}{2\pi^{3/2}Er}\int_0^\infty \mathrm{e}^{-\left(\varsigma^2 + \frac{\beta_1^2}{\varsigma^2}\right)}\mathrm{d}\varsigma \qquad (3\text{-}60)$$

由于

$$u > 0$$

所以

$$\beta_1 > 0$$

可以证明

$$\int_0^\infty \mathrm{e}^{-\left(\varsigma^2 + \frac{\beta_1^2}{\varsigma^2}\right)}\mathrm{d}\varsigma = \mathrm{e}^{-2\beta_1} \times \frac{\sqrt{\pi}}{2} \qquad (3\text{-}61)$$

将式（3-61）代入式（3-60）得

$$C(x,y,z) = \frac{m\mathrm{e}^{\frac{xu}{2E}}}{2\pi^{3/2}Er}\mathrm{e}^{-2\beta_1}\frac{\sqrt{\pi}}{2} = \frac{m}{4\pi Er}\mathrm{e}^{\frac{-u(r-x)}{2E}} \qquad (3\text{-}62)$$

此式即均匀流中稳定点源的稳态解。

　　为了应用方便起见，将 r 改换成 (x,y,z) 坐标。观察随流扩散的实际浓度场，其等浓度先拉成细长形，这是因为水流速一般比较大，水流的尺度总是比扩散尺度大很多。根据这特定情况，可进一步将式（3-62）简化，成为近似解。即

$$y \ll x,\ z \ll x$$

$$r = \sqrt{x^2 + y^2 + z^2} \approx x\left(1 + \frac{y^2 + z^2}{2x^2}\right)$$

$$r - x \approx \frac{y^2 + z^2}{2x} \qquad (3\text{-}63)$$

代入式（3-62），得

$$C(x,y,z) = \frac{m}{4\pi Ex}\exp\left[\frac{-u(y^2+z^2)}{4Ex}\right] \tag{3-64}$$

这就是通常应用的均匀流中稳定点源的稳态近似解。

前已设源位于 $x=0$，我们讨论的点 P 纵向位于 x，水流流过 x 距离需要时间 $t=x/u$。引用浓度分布的方差和扩散系数的关系式（3-11），即

$$\sigma = \sqrt{2Et} = \sqrt{2E\frac{x}{u}} \tag{3-65}$$

代入式（3-64），得

$$C(x,y,z) = \frac{m}{2\pi\sigma^2 u}\exp\left[-\left(\frac{y^2+z^2}{2\sigma^2}\right)\right] \tag{3-66}$$

这是均匀流中稳定点源的另一种形式。

当水流中 $E_x \neq E_y \neq E_z$ 时，稳态解可写成

$$C(x,y,z) = \frac{m}{4\pi(E_y E_z)^{1/2}x}\exp\left[\frac{-u}{4x}\left(\frac{y^2}{E_y}+\frac{z^2}{E_z}\right)\right] \tag{3-67}$$

而当 $\sigma_y = \sqrt{2E_y\frac{x}{u}}$，$\sigma_z = \sqrt{2E_z\frac{x}{u}}$ 时

$$C(x,y,z) = \frac{m}{2\pi u \sigma_y \sigma_z}\exp\left(\frac{-y^2}{2\sigma_y^2}-\frac{z^2}{2\sigma_z^2}\right) \tag{3-68}$$

在均匀流中二维扩散的时间连续源的稳态解是

$$C(x,y) = \frac{m}{\sqrt{u}\sqrt{4\pi E_y x}}\exp\left(\frac{-y^2 u}{4E_y x}\right) \tag{3-69}$$

当污染物存在降解时，设降解系数为 K，则

$$C(x,y) = \frac{m}{\sqrt{u}\sqrt{4\pi E_y x}}\exp\left(\frac{-y^2 u}{4E_y x}\right)\exp(-Kt) \tag{3-70}$$

即

$$C(x,y) = \frac{m}{\sqrt{u}\sqrt{4\pi E_y x}} \exp\left(\frac{-y^2 u}{4E_y x} - Kt\right) \qquad （3\text{-}71）$$

【例 3-5】 在一宽阔水域,水流流速为 0.5m/s,水深为 2.0m,现有一污染源连续排放,污染物浓度为 200mg/L,污水排放量为 0.8m³/s,河道的比降 I=0.0002, E_y=0.4hu_*,求在污染源下游 320m 横向 20m 处的浓度值。

解： 利用公式

$$C(x,y) = \frac{m}{\sqrt{u}\sqrt{4\pi E_y x}} \exp\left(\frac{-y^2 u}{4E_y x}\right)$$

由题意知:

$$h = 2.0\,\text{m}, \quad I = 0.0002, \quad u = 0.5\,\text{m/s}$$

$$u_* = \sqrt{ghI} = \sqrt{9.81 \times 2.0 \times 0.0002} = 0.0626\,\text{m/s}$$

$$E_y = 0.4hu_* = 0.4 \times 2.0 \times 0.0626 = 0.050\,\text{m}^2/\text{s}$$

$$m = \frac{q_0 C_0}{h} = \frac{200\,\text{mg/L} \times 0.8\,\text{m}^3/\text{s}}{2.0\text{m}} = 80\,\text{g/(s} \cdot \text{m)}$$

所以有

$$C(320\,\text{m}, 20\,\text{m}) = \frac{80}{\sqrt{0.5} \times \sqrt{4 \times \pi \times 0.050 \times 320}} \times \exp\left(-\frac{20^2 \times 0.5}{4 \times 0.050 \times 320}\right)$$

$$= 0.3523\,\text{g/m}^3 = 0.3523\,\text{mg/L}$$

3.3　岸边反射影响下的解析解

以上讨论的各类扩散都假定不受边界的影响,也就是扩散方向的水域是无限的,这是水域在相对足够大的情况下,很多情况下实际环境水体明显受到河岸等边界的制约,不是无限的。因而污染物的扩散自然受到边界的影响。

扩散物质遇到实际边界时,一种可能是被边界完全反射,另一种可能是被边界吸收,第三种情况则介于两者之间,为不完全反射。扩散质与边界的关系,既与边界性质有关,又与扩散质的性质有关。对于简单的直线边界,可以用"像源法"求解;较为复杂的边界,则需要通过数值求解的方法。

所谓像源法,即在应用叠加原理时,虚构对称于边界的像源,来代替边界的作用以满足边界条件的近似求解方法。

3.3.1　一维情况下的反射

1）一维情况下的一岸反射

设想一维情形下，有一个污染源瞬时释放出扩散质。与源相距 L 处，有一岸边边界，要求计算如图 3-10 假设边界完全反射时的浓度分布状况。

设污染源位于坐标原点 $x = 0$，在 $t = 0$ 时释放出污染物的质量是 M，边界位于 $x = -L$，是完全反射边界。扩散质达到边界后又被边界反射回来，即没有物质穿过边界，该边界处质量通量 $F_x = 0$。

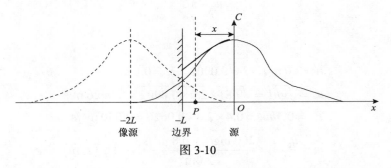

图 3-10

如果没有岸边，在边界 $-L$ 位置就有通量 $F_x = D\dfrac{\partial C}{\partial x}$，因为实际存在岸边，为满足边界条件 $F_x = 0$，需要在边界另一边虚构一个与真源相对称的像源，像源产生的反向通量正好使得边界处的总通量为零。从图 3-10 可以清楚地看出，像源应位于 $x = -2L$ 处。

这样，伴有边界完全反射时的实际浓度场是假定不存在边界的真源和像源二者各自产生的浓度场的叠加。引入瞬时源一维扩散的解，并考虑边界反射的解，组成为

$$C(x,t) = \frac{M}{\sqrt{4\pi Dt}}\left(\exp\left(\frac{-x^2}{4Dt}\right) + \exp\left\{\frac{-\left[x - (-2L)\right]^2}{4Dt}\right\}\right)$$

即

$$C(x,t) = \frac{M}{\sqrt{4\pi Dt}}\left\{\exp\left(\frac{-x^2}{4Dt}\right) + \exp\left[\frac{-(x + 2L)^2}{4Dt}\right]\right\} \qquad （3\text{-}72）$$

等式右边大括号中第一项为真源引起的浓度场，第二项为像源引起的浓度场，并且 $x \in [-L, +\infty)$。考察边界处的情况，在边界 $x = -L$ 点处的浓度是

$$C(-L,t) = \frac{M}{\sqrt{4\pi Dt}}\left\{\exp\left[\frac{-(-L)^2}{4Dt}\right] + \exp\left[\frac{-(-L+2L)^2}{4Dt}\right]\right\}$$

$$= \frac{2M}{\sqrt{4\pi Dt}}\left[\exp\left(\frac{-L^2}{4Dt}\right)\right] \qquad (3\text{-}73)$$

此式说明，对于具有完全反射的一岸边界，边界处的浓度是没有边界情况下的 2 倍。如果源在岸边情形时，即 $L=0$，则式（3-73）变成

$$C(x,t) = \frac{2M}{\sqrt{4\pi Dt}}\exp\left(\frac{-x^2}{4Dt}\right) \qquad (3\text{-}74)$$

即各处浓度是没有反射边界时的 2 倍。

【例3-6】　在一个左端闸门封闭、右端无限长、宽 1.0m、水深 0.5m 的封闭静止矩形水槽（图 3-11）进行试验，在 $t=0$ 时刻，将 0.4kg/m^2 的示踪物质突然以瞬时平面流形式释放于水槽中，释放平面的位置距槽左端 3.0m。若扩散系数 $D=0.001\text{m}^2/\text{s}$，当考虑由于左端闸门封闭的一次反射时，试计算在源平面与左端闸门之间的中间断面 A-A 上时间 100s 的浓度值。

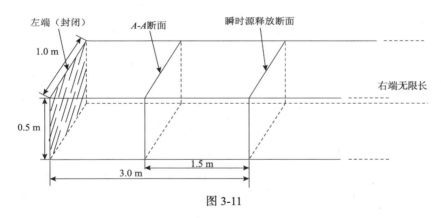

图 3-11

解：利用式（3-72），当考虑由于左端闸门封闭的一次反射时，浓度表达式为

$$C(x,t) = \frac{M}{\sqrt{4\pi Dt}}\mathrm{e}^{\frac{x^2}{4Dt}} + \frac{M}{\sqrt{4\pi Dt}}\mathrm{e}^{\frac{[x-(-6.0)]^2}{4Dt}}$$

$$= \frac{M}{\sqrt{4\pi Dt}}\mathrm{e}^{-\frac{x^2}{4Dt}} + \frac{M}{\sqrt{4\pi Dt}}\mathrm{e}^{-\frac{(x+6)^2}{4Dt}}$$

在题中

$$D = 0.001 \text{m}^2/\text{s}, \quad t = 100\text{s}, \quad M = 0.4 \text{kg/m}^2 = 400 \text{g/m}^2$$

所以，断面 $A\text{-}A$ 上时间 100s 的浓度值为

$$C(-1.5\text{m},100\text{s}) = \frac{400}{\sqrt{4 \times 3.14 \times 0.001 \times 100}} \left[e^{-\frac{(-1.5)^2}{4 \times 0.001 \times 100}} + e^{-\frac{(-1.5+6)^2}{4 \times 0.001 \times 100}} \right]$$

$$= 1.287 \text{mg/L}$$

2）一维情况下的两岸反射

如图 3-12 所示，如果改为有两个岸边，两岸之间相距 $2L$，源在中间，$x=0$ 处。仍与上例类似的步骤应用像源法。但因为有两个边界，需同时满足两个边界条件，即在边界处通量都为零。

（1）在 $x=-2L$ 处虚设一像源称一级像源，满足 $-L$ 边界通量为 0。

（2）在 $x=2L$ 处虚设一像源，同是一级像源，满足 $+L$ 边界通量为 0。

（3）再设二级像源来平衡由一级像源到达边界产生的浓度场，使边界处的通量为 0。

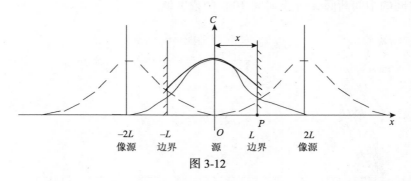

图 3-12

所以 $x=-2L$ 处的像源对于 $+L$ 边界虚设一个位于 $x=+4L$ 处的二级像源，依次类推，引出在 $-6L$，$+8L$，……处的像源。$x=+2L$ 处的像源对于 $-L$ 边界虚设一个位于 $x=-4L$ 处的二级像源，依次类推，引出在 $+6L$，$-8L$，……处的像源。理论上这种平衡像源反复反射以至无穷。

由此可见，实际浓度即为真源和无数像源引导的浓度场的叠加，归纳后得解为

$$C(x,t) = \sum_{n=-\infty}^{\infty} \frac{M}{\sqrt{4\pi Dt}} \exp\left[\frac{-(x+2nL)^2}{4Dt} \right] \tag{3-75}$$

其中，$x \in [-L, +L]$。

在实际问题中，一般只需考虑少数几次反射即可达到精度要求。若源与两岸

距离不等，求解原理相同。

【例3-7】 一废弃的采石场集水后形成水池，形状为矩形，池底面积为200m×200m，水深为50m；附近工厂将含有有害物质的废水用水泵送入池底，总计有害物质为4000kg；设有害物质在池底均匀分布，池底及池壁对该物质完全不吸收。物质在水体中的扩散系数为1.0cm²/s，试估算一年后池面有害物质的浓度。

解：（1）考虑池底一次反射，池内横断面浓度为

$$C(x,t) = \frac{2M}{\sqrt{4\pi Dt}} e^{-\frac{x^2}{4Dt}}$$

（2）再考虑池面一次反射，池内横断面浓度又变为

$$C(x,t) = \frac{2M}{\sqrt{4\pi Dt}} e^{-\frac{x^2}{4Dt}} + \frac{2M}{\sqrt{4\pi Dt}} e^{-\frac{(x-2h)^2}{4Dt}}$$

对本题

$$M = 4000 \times 10^3 / (200 \times 200) = 400 \text{g/m}^2$$
$$D = 1.0 \text{cm}^2/\text{s} = 1.0 \times 10^{-4} \text{m}^2/\text{s}$$
$$t = 1 \times 365 \times 24 \times 3600 = 31536000 \text{s}$$
$$h = 50 \text{m}$$
$$x = 50 \text{m}$$

所以

$$C(50\text{m},1\text{a}) = \frac{2 \times 400}{\sqrt{4 \times \pi \times 1.0 \times 10^{-4} \times 31536000}} e^{-\frac{50^2}{4 \times 1.0 \times 10^{-4} \times 31536000}}$$

$$+ \frac{2 \times 400}{\sqrt{4 \times \pi \times 1.0 \times 10^{-4} \times 31536000}} e^{-\frac{(50-2\times 50)^2}{4 \times 1.0 \times 10^{-4} \times 31536000}}$$

$$= 1.65 \text{mg/L}$$

3）一维初始有限分布源的反射

应用像源法求在静止环境中伴有两岸反射的一维初始有限分布源的浓度分布。

两边界之间的距离为L，在一岸边有初始有限分布源，宽h，见图3-13。同样利用像源法，首先考虑两岸各一次反射的情况，在如图3-13坐标系情况下有

$$C(x,t) = \frac{C_0}{2}\left[\operatorname{erf}\left(\frac{h-x}{\sqrt{4Dt}}\right) + \operatorname{erf}\left(\frac{h+x}{\sqrt{4Dt}}\right)\right]$$

$$+ \frac{C_0}{2}\left\{\operatorname{erf}\left[\frac{h-(x-2L)}{\sqrt{4Dt}}\right] + \operatorname{erf}\left[\frac{h+(x-2L)}{\sqrt{4Dt}}\right]\right\}$$

$$= \frac{C_0}{2}\left[\operatorname{erf}\left(\frac{h-x}{\sqrt{4Dt}}\right) + \operatorname{erf}\left(\frac{h+x}{\sqrt{4Dt}}\right) + \operatorname{erf}\left(\frac{h+2L-x}{\sqrt{4Dt}}\right)\right.$$

$$\left.+ \operatorname{erf}\left(\frac{h-2L+x}{\sqrt{4Dt}}\right)\right] \tag{3-76}$$

式中：C_0——源的浓度。

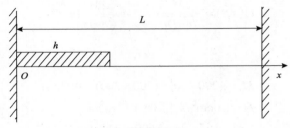

图 3-13

在考虑两岸无数次反射情况下，其浓度分布是

$$C(x,t) = \frac{C_0}{2}\sum_{n=-\infty}^{\infty}\left[\operatorname{erf}\left(\frac{h+2nL-x}{\sqrt{4Dt}}\right) + +\operatorname{erf}\left(\frac{h-2nL+x}{\sqrt{4Dt}}\right)\right] \tag{3-77}$$

实际上只需计及少数几次反射就可以了，例如 $n = 0, \pm 1$ 及 ± 2 。

假如初始有限分布源不在岸边，稍微离岸，距离为 L_1，如图 3-14 所示，考虑岸边各一次反射，在如图 3-14 坐标系情况下，则浓度为

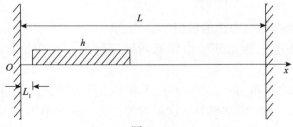

图 3-14

$$C(x,t) = \frac{C_0}{2}\left(\mathrm{erf}\left\{ \frac{\frac{h}{2} - \left[x - \left(L_1 + \frac{h}{2} \right) \right]}{\sqrt{4Dt}} \right\} + \mathrm{erf}\left\{ \frac{\frac{h}{2} + \left[x - \left(L_1 + \frac{h}{2} \right) \right]}{\sqrt{4Dt}} \right\} \right)$$

$$+ \frac{C_0}{2}\left[\mathrm{erf}\left(\frac{\frac{h}{2} - \left\{ x - \left[-\left(L_1 + \frac{h}{2} \right) \right] \right\}}{\sqrt{4Dt}} \right) \right.$$

$$\left. + \mathrm{erf}\left(\frac{\frac{h}{2} + \left\{ x - \left[-\left(L_1 + \frac{h}{2} \right) \right] \right\}}{\sqrt{4Dt}} \right) \right]$$

$$+ \frac{C_0}{2}\left[\mathrm{erf}\left(\frac{\frac{h}{2} - \left\{ x - \left[L + \left(L - L_1 - \frac{h}{2} \right) \right] \right\}}{\sqrt{4Dt}} \right) \right.$$

$$\left. + \mathrm{erf}\left(\frac{\frac{h}{2} + \left\{ x - \left[L + \left(L - L_1 - \frac{h}{2} \right) \right] \right\}}{\sqrt{4Dt}} \right) \right]$$

$$+ \frac{C_0}{2}\left[\mathrm{erf}\left(\frac{\frac{h}{2} - \left\{ x - \left[L + \left(L + L_1 + \frac{h}{2} \right) \right] \right\}}{\sqrt{4Dt}} \right) \right.$$

$$\left. + \mathrm{erf}\left(\frac{\frac{h}{2} + \left\{ x - \left[L + \left(L + L_1 + \frac{h}{2} \right) \right] \right\}}{\sqrt{4Dt}} \right) \right] \tag{3-78}$$

这样有

$$C(x,t) = \frac{C_0}{2}\left[\mathrm{erf}\left(\frac{h - x + L_1}{\sqrt{4Dt}} \right) + \mathrm{erf}\left(\frac{x - L_1}{\sqrt{4Dt}} \right) \right]$$

$$+ \frac{C_0}{2}\left[\text{erf}\left(\frac{-x-L_1}{\sqrt{4Dt}} \right) + \text{erf}\left(\frac{h+x+L_1}{\sqrt{4Dt}} \right) \right]$$

$$+ \frac{C_0}{2}\left[\text{erf}\left(\frac{-x+2L-L_1}{\sqrt{4Dt}} \right) + \text{erf}\left(\frac{h+x+L_1-2L}{\sqrt{4Dt}} \right) \right]$$

$$+ \frac{C_0}{2}\left[\text{erf}\left(\frac{-x+2L+L_1+h}{\sqrt{4Dt}} \right) + \text{erf}\left(\frac{x-L_1-2L}{\sqrt{4Dt}} \right) \right]$$

即

$$C(x,t) = \frac{C_0}{2}\left[\text{erf}\left(\frac{h-x+L_1}{\sqrt{4Dt}} \right) + \text{erf}\left(\frac{h+x+L_1}{\sqrt{4Dt}} \right) \right]$$

$$+ \frac{C_0}{2}\left[\text{erf}\left(\frac{x-L_1}{\sqrt{4Dt}} \right) + \text{erf}\left(\frac{-x-L_1}{\sqrt{4Dt}} \right) \right]$$

$$+ \frac{C_0}{2}\left[\text{erf}\left(\frac{-x+2L+h+L_1}{\sqrt{4Dt}} \right) + \text{erf}\left(\frac{h+x-2L+L_1}{\sqrt{4Dt}} \right) \right]$$

$$+ \frac{C_0}{2}\left[\text{erf}\left(\frac{x-2L-L_1}{\sqrt{4Dt}} \right) + \text{erf}\left(\frac{-x+2L-L_1}{\sqrt{4Dt}} \right) \right]$$

进一步写成：

$$C(x,t) = \frac{C_0}{2}\left[\text{erf}\left(\frac{L_1+h-x}{\sqrt{4Dt}} \right) + \text{erf}\left(\frac{L_1+h+x}{\sqrt{4Dt}} \right) \right]$$

$$+ \frac{C_0}{2}\left[\text{erf}\left(\frac{-L_1+x}{\sqrt{4Dt}} \right) + \text{erf}\left(\frac{-L_1-x}{\sqrt{4Dt}} \right) \right]$$

$$+ \frac{C_0}{2}\left[\text{erf}\left(\frac{L_1+h-x+2L}{\sqrt{4Dt}} \right) + \text{erf}\left(\frac{L_1+h+x-2L}{\sqrt{4Dt}} \right) \right]$$

$$+ \frac{C_0}{2}\left[\text{erf}\left(\frac{-L_1+x-2L}{\sqrt{4Dt}} \right) + \text{erf}\left(\frac{-L_1-x+2L}{\sqrt{4Dt}} \right) \right] \quad (3\text{-}79)$$

在考虑两岸无数次反射情况下，其浓度分布是

$$C(x,t) = \frac{C_0}{2} \sum_{n=-\infty}^{\infty}\left[\text{erf}\left(\frac{L_1+h-x+2nL}{\sqrt{4Dt}} \right) + \text{erf}\left(\frac{L_1+h+x-2nL}{\sqrt{4Dt}} \right) \right.$$

$$\left. + \text{erf}\left(\frac{-L_1+x-2nL}{\sqrt{4Dt}} \right) + \text{erf}\left(\frac{-L_1-x+2nL}{\sqrt{4Dt}} \right) \right] \quad (3\text{-}80)$$

式中：$n = 0, \pm 1, \pm 2, \cdots$。

3.3.2　二维情况下的反射

1）二维情况下的一岸反射

如图 3-15 所示，在流动条件下，离岸边 B_w 有一个排污口，那么它引起的浓度场如何计算？在如图坐标系情况下，真源的位置在 $(0, B_w)$，真源引起的浓度场为

$$C_1(x,y) = \frac{m}{\sqrt{4\pi u E_y x}} \exp\left[\frac{-(y-B_w)^2 u}{4E_y x}\right]$$

考虑岸边一次反射，像源在 $(0, -B_w)$，像源引起的浓度场为

$$C_2(x,y) = \frac{m}{\sqrt{4\pi u E_y x}} \exp\left[\frac{-(y+B_w)^2 u}{4E_y x}\right]$$

总的浓度为

$$\begin{aligned}
C(x,y) &= C_1(x,y) + C_2(x,y) \\
&= \frac{m}{\sqrt{4\pi u E_y x}} \exp\left[\frac{-(y-B_w)^2 u}{4E_y x}\right] + \frac{m}{\sqrt{4\pi u E_y x}} \exp\left[\frac{-(y+B_w)^2 u}{4E_y x}\right] \\
&= \frac{m}{\sqrt{4\pi u E_y x}}\left\{\exp\left[\frac{-(y-B_w)^2 u}{4E_y x}\right] + \exp\left[\frac{-(y+B_w)^2 u}{4E_y x}\right]\right\}
\end{aligned} \qquad (3\text{-}81)$$

公式是计算水体中的浓度，因此适用范围为 $y \geqslant 0$。

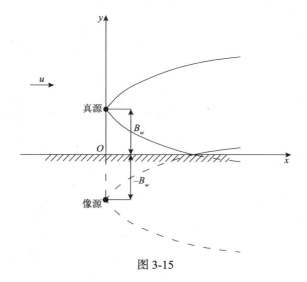

图 3-15

当排放位置移到岸边，真源与像源恰好重叠，变成岸边排放，则常见的岸边排放浓度为

$$C(x,y) = \frac{2m}{\sqrt{4\pi u E_y x}} \exp\left(\frac{-y^2 u}{4E_y x}\right) \qquad (3\text{-}82)$$

【例 3-8】　在河岸边有一连续排放的排污口，污水排放量为 $q = 0.15\text{m}^3/\text{s}$，污染物浓度为 60mg/L；假设河很宽并且水流均匀，流速为 0.7m/s，水深为 2.0m，河底的糙率系数 $n = 0.025$，$E_y = 0.6hu_*$，河道的本底浓度为 8mg/L，不考虑污染物降解，求下游 500m 岸边与离岸 30m 处的浓度值。

解：利用公式

$$C(x,y) = \frac{2m}{\sqrt{4\pi u E_y x}} \exp\left(\frac{-y^2 u}{4E_y x}\right)$$

对本题

$$u_* = \frac{ung^{1/2}}{h^{1/6}} = \frac{0.7 \times 0.025 \times 9.81^{1/2}}{2^{1/6}} = 0.0488 \text{ m/s}$$

$$E_y = 0.6hu_* = 0.6 \times 2.0 \times 0.0488 = 0.0586 \text{ m}^2/\text{s}$$

计算污染物浓度场时，首先不考虑河道本底浓度，计算污染源排放的净贡献，这样有

$$C(500,0) = \frac{2m}{\sqrt{4\pi u E_y x}} = \frac{2 \times 0.15 \times (60-8)}{2 \times \sqrt{4 \times \pi \times 0.7 \times 0.0586 \times 500}} = 0.4859 \text{ mg/L}$$

$$C(500,30) = \frac{2m}{\sqrt{4\pi u E_y x}} \exp\left(\frac{-y^2 u}{4E_y x}\right) = 0.4859 \times \exp\left(\frac{-30^2 \times 0.7}{4 \times 0.0586 \times 500}\right)$$
$$= 0.0023 \text{ mg/L}$$

下游 500m 岸边浓度

$$C_1 = C(500,0) + C_0 = 0.4859 + 8 = 8.4859 \text{ mg/L}$$

下游 500m 离岸 30m 浓度

$$C_2 = C(500,30) + C_0 = 0.0023 + 8 = 8.0023 \text{ mg/L}$$

2）二维情况下的两岸反射

前面讨论的是一岸反射的情况，若情况更复杂一点，需要讨论存在两岸反射的情况。

如图 3-16 所示，有一河道，在靠右岸离岸边 B_{w1} 有一个排污口，假设水流均匀，那么在流动条件下它引起的浓度场如何分布？

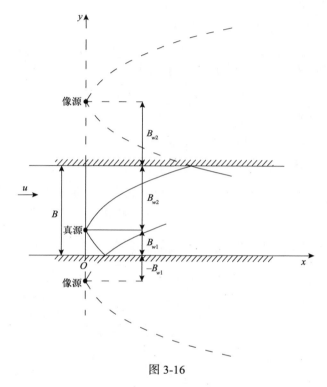

图 3-16

首先，在如图 3-16 坐标系情况下，真源的位置在 $(0, B_{w1})$，真源引起的浓度场为

$$C_1(x,y) = \frac{m}{\sqrt{4\pi u E_y x}} \exp\left[\frac{-(y - B_{w1})^2 u}{4 E_y x}\right]$$

一般情况下，考虑一次反射已经够了。当考虑右岸岸边一次反射，像源在 $(0, -B_{w1})$，像源引起的浓度场为

$$C_2(x,y) = \frac{m}{\sqrt{4\pi u E_y x}} \exp\left[\frac{-(y + B_{w1})^2 u}{4 E_y x}\right]$$

当考虑左岸岸边一次反射，像源在 $(0, B_{w1} + 2B_{w2})$，像源引起的浓度场为

$$C_3(x,y) = \frac{m}{\sqrt{4\pi u E_y x}} \exp\left[\frac{-(y - B_{w1} - 2B_{w2})^2 u}{4E_y x} \right]$$

总的浓度为

$$C(x,y) = C_1(x,y) + C_2(x,y) + C_3(x,y)$$

$$= \frac{m}{\sqrt{4\pi u E_y x}} \exp\left[\frac{-(y - B_{w1})^2 u}{4E_y x} \right] + \frac{m}{\sqrt{4\pi u E_y x}} \exp\left[\frac{-(y + B_{w1})^2 u}{4E_y x} \right]$$

$$+ \frac{m}{\sqrt{4\pi u E_y x}} \exp\left[\frac{-(y - B_{w1} - 2B_{w2})^2 u}{4E_y x} \right]$$

$$= \frac{m}{\sqrt{4\pi u E_y x}} \left\{ \exp\left[\frac{-(y - B_{w1})^2 u}{4E_y x} \right] \right.$$

$$\left. + \exp\left[\frac{-(y + B_{w1})^2 u}{4E_y x} \right] + \exp\left[\frac{-(y - B_{w1} - 2B_{w2})^2 u}{4E_y x} \right] \right\} \qquad (3\text{-}83)$$

特别地，当排放口位于河中心时（河宽为 B），有

$$C(x,y) = C_1(x,y) + C_2(x,y) + C_3(x,y)$$

$$= \frac{m}{\sqrt{4\pi u E_y x}} \exp\left[\frac{-\left(y - \dfrac{B}{2}\right)^2 u}{4E_y x} \right] + \frac{m}{\sqrt{4\pi u E_y x}} \exp\left[\frac{-\left(y + \dfrac{B}{2}\right)^2 u}{4E_y x} \right]$$

$$+ \frac{m}{\sqrt{4\pi u E_y x}} \exp\left[\frac{-\left(y - \dfrac{3}{2}B\right)^2 u}{4E_y x} \right]$$

$$= \frac{m}{\sqrt{4\pi u E_y x}} \left\{ \exp\left[\frac{-\left(y - \dfrac{B}{2}\right)^2 u}{4E_y x} \right] + \exp\left[\frac{-\left(y + \dfrac{B}{2}\right)^2 u}{4E_y x} \right] + \exp\left[\frac{-\left(y - \dfrac{3}{2}B\right)^2 u}{4E_y x} \right] \right\}$$

$$(3\text{-}84)$$

如果将坐标原点放到排污口位置，见图 3-17，公式可以更简单些

$$C(x,y)=\frac{m}{\sqrt{4\pi uE_y x}}\exp\left(\frac{-y^2u}{4E_y x}\right)+\frac{m}{\sqrt{4\pi uE_y x}}\exp\left[\frac{-(y+B)^2u}{4E_y x}\right]$$

$$+\frac{m}{\sqrt{4\pi uE_y x}}\exp\left[\frac{-(y-B)^2u}{4E_y x}\right]$$

$$=\frac{m}{\sqrt{4\pi uE_y x}}\left\{\exp\left(\frac{-y^2u}{4E_y x}\right)+\exp\left[\frac{-(y+B)^2u}{4E_y x}\right]+\exp\left[\frac{-(y-B)^2u}{4E_y x}\right]\right\}\quad（3-85）$$

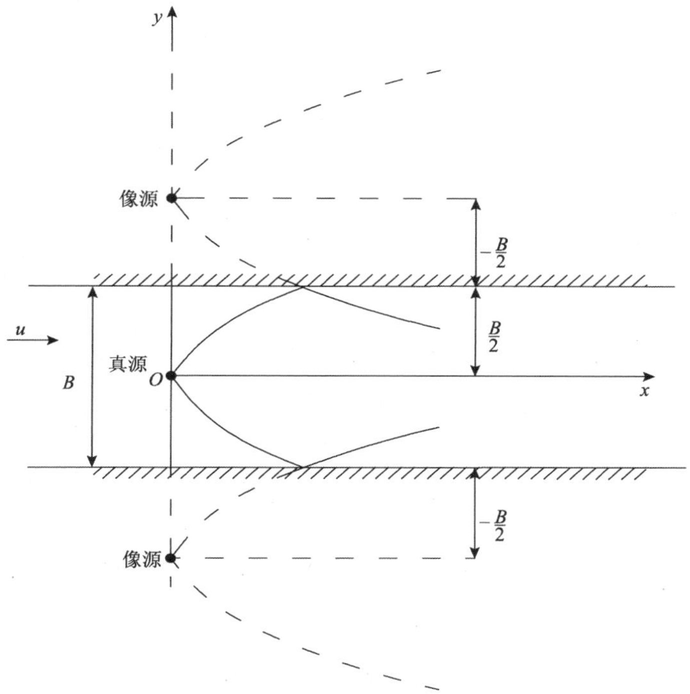

图 3-17

思考题

（1）假设一静止的海域，海水很深，有一个装有污染物的小型集装箱从船上掉落，并逐渐下沉入海水深处。由于海水深处压力作用，小型集装箱在深水处破裂，其装有的质量为 5000kg 的污染物短时间内进入海水。已知污染物在海水中各个方向的扩散系数相等，为 900cm²/s，问 1h 后，污染物浓度大于 10mg/L 的污染体积为多大？

（2）在一片浅水湖泊中，有一块水体发生了黑臭污染，从湖面上看，该污染呈边长为 10m 的正方形，正向水域四周扩散。已知污染物浓度为 500mg/L，扩散系数为 500cm²/s，不考虑降解，问 1h 后，距离污染中心横向距离 30m 处的污染物浓度是多少？

（3）有一非常宽阔的水域，水流较为均匀，流速为 1.5m/s，水深 2.5m，在该水域某处存在一连续排放源，排污浓度为 300mg/L，水面比降为 0.0002，E_y=0.4hu_*。不考虑降解作用，问如果下游 500m 处污染物浓度不得大于 10mg/L，则排污口的污染物排放量不得大于多少？

（4）一条很宽的河道，河道流速为 1.0m/s，水深 3.5m。在岸边有一个连续排放源，排污浓度为 500mg/L，排放量为 0.4m³/s，该河道比降为 0.0002，E_y=0.6hu_*。不考虑降解作用，问在下游 70m 离岸 5m 处，污染物浓度为多少？

第四章 顺直中小型河道污染带特征计算

对于中小型河流，河道较为顺直时，在一定时间内接近于恒定流，可以通过解二维扩散方程，求得污染物浓度场的分布，研究中小型河道的污染带分布特征。

4.1 中小型河流充分混合所需的距离计算

设污水由排污口持续排入规则顺直的河流中，污染物向下游运行一段距离以后扩散至河两岸。在河岸反射作用下，污染物在断面内趋于均匀，把断面内最大浓度或最小浓度与断面平均浓度之差再除以断面平均浓度称为浓度的偏差。如果浓度的偏差都小于 5% 称为达到全断面充分混合（或称混合均匀），那么从污染物排出到全断面充分混合所需的距离 L_M 有多远？

这是一个均匀流中二维扩散时间连续源并伴随有边界反射的问题，如图 4-1 所示。若污染物排放率为 M，全断面平均水深 h，引用式（3-69），在不考虑边界影响时的浓度分布为

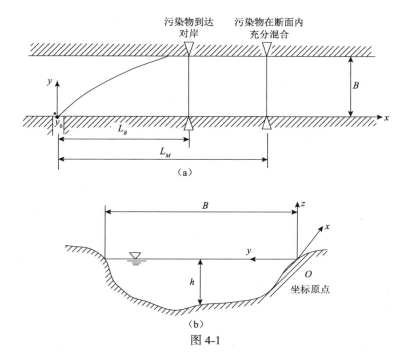

图 4-1

$$C(x, y) = \frac{m}{\sqrt{4\pi E_y ux}} \exp\left[\frac{-(y-y_0)^2 u}{4E_y x}\right] \qquad (4\text{-}1)$$

式中：$m = \dfrac{M}{h}$；

　　　　u ——断面平均流速；

　　　　y_0 ——污染源的位置。

若求计及边界反射，污染源在河中任意位置为 y_0（图 4-2），河宽为 B 时，利用第三章 3.3.2 节的反射原理，可得下游浓度分布的一般表达式。

为了表达式简便起见，令

$$C_0 = \frac{M}{uhB}；\quad x' = \frac{xE_y}{uB^2}；\quad y' = \frac{y}{B}$$

应用像源法，考虑多次反射，浓度分布的一般表达式为

$$\frac{C}{C_0} = \frac{1}{\sqrt{4\pi x'}} \sum_{n=-\infty}^{\infty} \left\{ \exp\left[\frac{-(y'-2n+y_0')^2}{4x'}\right] + \exp\left[\frac{-(y'-2n-y_0')^2}{4x'}\right] \right\} \qquad (4\text{-}2)$$

式中：y_0' ——源的位置，$y_0' \in [0,1]$。

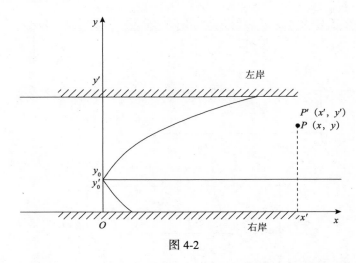

图 4-2

现在我们来讨论式（4-2），将可以对中心排放和岸边排放两种最常见的情况进行分析，以得到有用的结果。

4.1.1　中心排放

当源在河中心时，即

$$y_0' = \frac{1}{2}$$

将 $y_0' = \frac{1}{2}$ 代入式（4-2），得到中心排放的浓度分布表达式

$$\frac{C}{C_0} = \frac{1}{\sqrt{4\pi x'}} \sum_{n=-\infty}^{\infty} \left\{ \exp\left[-\frac{\left(y' - 2n + \frac{1}{2}\right)^2}{4x'} \right] + \exp\left[-\frac{\left(y' - 2n - \frac{1}{2}\right)^2}{4x'} \right] \right\} \quad （4\text{-}3）$$

对于中心排放，河流中心线的浓度是断面中最大的浓度值。

令

$$y' = \frac{1}{2}$$

代入式（4-3）得到河流中心线的浓度

$$\frac{C}{C_0} = \frac{1}{\sqrt{4\pi x'}} \sum_{n=-\infty}^{\infty} \left\{ \exp\left[\frac{-(1-2n)^2}{4x'} \right] + \exp\left[\frac{-(2n)^2}{4x'} \right] \right\} \quad （4\text{-}4）$$

此式表示的河流中心线浓度的沿程变化图形如图 4-3 上面的一条曲线所示。

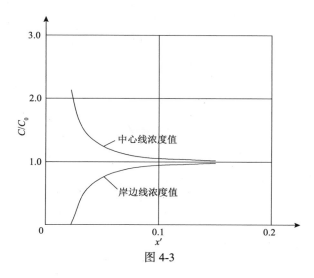

图 4-3

中心排放时，岸边的浓度是断面最小的浓度。令

$$y' = 0$$

代入式（4-3）得岸边线的浓度。

$$\frac{C}{C_0} = \frac{1}{\sqrt{4\pi x'}} \sum_{n=-\infty}^{\infty} \left\{ \exp\left[\frac{-\left(-2n+\frac{1}{2}\right)^2}{4x'} \right] + \exp\left[\frac{-\left(-2n-\frac{1}{2}\right)^2}{4x'} \right] \right\} \qquad (4\text{-}5)$$

岸边浓度的沿程变化图形如图 4-3 下面的一条曲线所示。

上述两条曲线在 $x' \approx 0.1$ 处互相靠近，各条曲线与 $\frac{C}{C_0} = 1.0$ 的直线的间距都不超过 0.05，即 5%。C_0 代表断面混合均匀以后的平均浓度。图 4-3 的上下两条曲线与 $\frac{C}{C_0} = 1.0$ 相差小于 5%是指：断面上最大的浓度及最小的浓度与断面平均浓度之差除以平均浓度都小于 5%，也就是污染物在断面内达到充分混合。简而言之，当污水中心排放时，在相对距离 $x' \approx 0.1$ 的下游，断面内污染物达到充分混合。所以达到充分混合的 L_M 满足式

$$0.1 = x' = \frac{L_M}{u} \frac{E_y}{B^2}$$

即

$$L_M = \frac{0.1uB^2}{E_y} \qquad (4\text{-}6)$$

4.1.2 岸边排放

当源在岸边时，有两种方法推导充分混合距离，一种方法是在式（4-6）中令 $y_0' = 0$ 或 1；另外一种方法是：相当于扩散宽度为 $2B$，见图 4-4 的关系。用 $2B$ 代替式（4-6）中的 B，得

$$L_M = \frac{0.4uB^2}{E_y} \qquad (4\text{-}7)$$

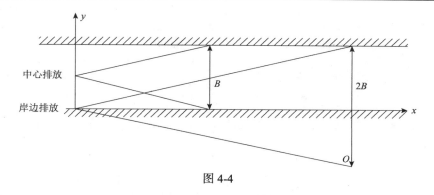

图 4-4

【例 4-1】　在一条顺直矩形渠道岸边有一个污水排放口，连续排放守恒的污染物质。已知渠宽 $B = 50$ m，比降 $I = 0.0002$，水深 5.0m，平均流速 $\overline{u} = 0.70$m/s。采用横向扩散系数 $E_y = 0.4hu_*$。近似估算下游达到全断面充分混合的距离 L_M。

解： 摩阻流速：$u_* = \sqrt{ghI} = \sqrt{9.81 \times 5.0 \times 0.0002} = 0.099$m/s

横向扩散系数：$E_y = 0.4hu_* = 0.4 \times 5 \times 0.099 = 0.198$m^2/s

应用式（4-7）

$$L_M = \frac{0.4\overline{u}B^2}{E_y} = \frac{0.4 \times 0.7 \times 50^2}{0.198} = 3.54\text{km}$$

在同等条件下，若河道较宽，我们取 $B = 200$m，其他条件都不变，则

$$L_M = \frac{0.4 \times 0.7 \times 200^2}{0.198} = 56.57\text{km}$$

对比上两个结果可见，河宽很大时，达到均匀混合所需距离是很长的。

4.1.3　任意位置排放

当源在河中任意位置时，式（4-2）仍然成立，但是为考虑计算过程方便，我们粗略地只考虑两岸各一次反射。首先我们假设污染源位置靠近右岸侧，这时浓度分布公式表示为

$$\frac{C}{C_0} = \frac{1}{\sqrt{4\pi x'}}\left\{\exp\left[-\frac{(y'-y_0')^2}{4x'}\right] + \exp\left[-\frac{(y'+y_0')^2}{4x'}\right]\right.$$

$$\left. + \exp\left[-\frac{(y'-2+y_0')^2}{4x'}\right]\right\} \tag{4-8}$$

在源下游的点即 $y' = y_0'$ 处是断面浓度最大的位置，即

$$\frac{C_{max}}{C_0} = \frac{1}{\sqrt{4\pi x'}} \left\{ 1 + \exp\left[-\frac{(2y_0')^2}{4x'} \right] + \exp\left[-\frac{(2y_0' - 2)^2}{4x'} \right] \right\} \tag{4-9}$$

因为污染源位置靠近右岸侧（可参见图 4-2），因此在对岸（左岸）即 $y' = 1$ 处断面浓度最小，故有

$$\frac{C_{min}}{C_0} = \frac{1}{\sqrt{4\pi x'}} \left\{ \exp\left[-\frac{(1 - y_0')^2}{4x'} \right] + \exp\left[-\frac{(1 + y_0')^2}{4x'} \right] \right.$$
$$\left. + \exp\left[-\frac{(-1 + y_0')^2}{4x'} \right] \right\} \tag{4-10}$$

利用式（4-9）和式（4-10），以 y_0' 为参数，使用逐次逼近法计算相对浓度可知，当 $x' \geqslant 0.4 - 0.6y_0'$ 时，断面浓度可近似认为完全混合。所以由 $x' = \frac{xE_y}{uB^2}$ 可得

$$L_M = \frac{(0.4 - 0.6y_0')uB^2}{E_y} = \frac{(0.4B - 0.6y_0)uB}{E_y} \tag{4-11}$$

式（4-11）为当污染源位置靠近右岸侧情况（即 $y_0 \leqslant \frac{B}{2}$）的结果。

对于污染源靠近左岸（ $y_0 \geqslant \frac{B}{2}$ ）时，最小浓度应出现在右岸，即 $y' = 0$ ，可得

$$\frac{C_{min}}{C_0} = \frac{1}{\sqrt{4\pi x'}} \left\{ \exp\left(-\frac{y_0'^2}{4x'} \right) + \exp\left(-\frac{y_0'^2}{4x'} \right) + \exp\left[-\frac{(y_0' - 2)^2}{4x'} \right] \right\} \tag{4-12}$$

同样在 $y' = y_0'$ 处是断面浓度最大的位置，仍可采用式（4-9）。

类似地与前面相同，使用逐次逼近法，当 $x' \geqslant 0.6y_0' - 0.2$ 时，断面浓度可近似认为完全混合，所以可得

$$L_M = \frac{(0.6y_0' - 0.2)uB^2}{E_y} = \frac{(0.6y_0 - 0.2B)uB}{E_y} \tag{4-13}$$

当然，在中心或岸边时，式（4-11）和式（4-13）都可分别化简为式（4-6）及式（4-7）。

4.2　污染物扩散到对岸所需的距离计算

定义污染物扩散到岸边的浓度为断面最大浓度的5%，所需的距离为L_B。

4.2.1　岸边排放

首先讨论源在岸一边（河宽为B），求扩散到达对岸的距离L_B。

源在岸边时（图4-5），考虑岸边反射，各处浓度是没有反射作用时的2倍。

$$C(x,y)=\frac{2m}{\sqrt{4\pi E_y ux}}\exp\left(\frac{-uy^2}{4E_y x}\right)$$

本岸边（$y=0$）：

$$C(x,0)=\frac{2m}{\sqrt{4\pi E_y ux}}$$

在对岸（$y=B$）：考虑到对岸反射，河对岸浓度（因为是刚到达对岸，同时也是为了使问题计算简化，此处仅考虑一次反射）

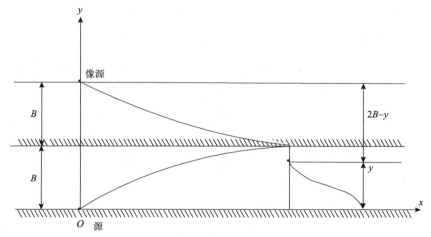

图 4-5

$$C(x,B)=\frac{2m}{\sqrt{4\pi E_y ux}}\left\{\exp\left(\frac{-uB^2}{4E_y x}\right)+\exp\left[\frac{-u(B-2B)^2}{4E_y x}\right]\right\}$$

$$=\frac{2m}{\sqrt{4\pi E_y ux}}\left[2\exp\left(\frac{-uB^2}{4E_y x}\right)\right]$$

利用 $C|_{岸边浓度}=0.05C|_{断面最大浓度}$，有

$$\frac{C(x,B)}{C(x,0)}=0.05$$

$$2\exp\left(\frac{-uB^2}{4E_y x}\right)=0.05$$

$$-\frac{uB^2}{4E_y x}=\ln 0.025=-3.69$$

$$x=\frac{uB^2}{4\times 3.69\times E_y}=\frac{0.068uB^2}{E_y}$$

即

$$L_B=\frac{0.068uB^2}{E_y} \tag{4-14}$$

4.2.2　中心排放

当源在河中心（河宽为 $B=2b$），见图 4-6，求扩散到达对岸的距离 L_B。

对于河中心排放方式，浓度对于河中心对称分布，所以只需研究半边的状况就可以了。

$$C(x,y)=\frac{m}{\sqrt{4\pi E_y ux}}\exp\left(\frac{-uy^2}{4E_y x}\right)$$

河中心（$y=0$）浓度

$$C(x,0)=\frac{m}{\sqrt{4\pi E_y ux}}$$

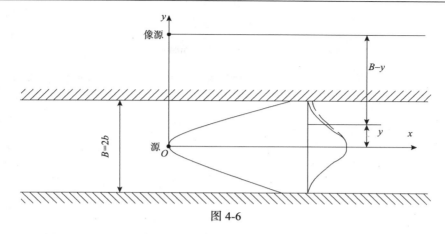

图 4-6

对岸（$y=b$）浓度：根据定义，当污染带达到全河宽时，岸边的浓度为中心浓度的 5%。这时河岸已经存在反射作用，故有

$$C(x,y) = \frac{m}{\sqrt{4\pi E_y u x}} \left\{ \exp\left(\frac{-uy^2}{4E_y x}\right) + \exp\left[\frac{-u(y-2b)^2}{4E_y x}\right] \right\}$$

由于 $y=b$，

$$C(x,b) = \frac{m}{\sqrt{4\pi E_y u x}} \left\{ \exp\left(\frac{-ub^2}{4E_y x}\right) + \exp\left[\frac{-u(b-2b)^2}{4E_y x}\right] \right\} = \frac{m}{\sqrt{4\pi E_y u x}} \left[2\exp\left(\frac{-ub^2}{4E_y x}\right) \right]$$

因为

$$\frac{C(x,b)}{C(x,0)} = 0.05$$

所以

$$2\exp\left(\frac{-ub^2}{4E_y x}\right) = 0.05$$

$$L_B = \frac{ub^2}{4 \times 3.69 E_y} = \frac{0.068ub^2}{E_y} = \frac{0.068uB^2}{4E_y}$$

即

$$L_B = \frac{0.068uB^2}{4E_y} \tag{4-15}$$

【例 4-2】 某一矩形渠道，宽 B=6.0m，水深 h=0.5m，流速 u=0.3m/s。渠道糙率系数 $n = 0.030$，横向无量纲扩散系数 $\alpha_y = 0.16$，污水岸边排放，求 L_B。

解：应用式（4-14）

$$L_B = \frac{0.068uB^2}{E_y}$$

由题意知

$$E_y = 0.16hu_*$$

$$u_* = \frac{ung^{1/2}}{h^{1/6}} = 0.0316\text{m/s}$$

$$E_y = 0.16hu_* = 0.16 \times 0.5 \times 0.0316 = 0.00253\text{m}^2/\text{s}$$

有

$$L_B = \frac{0.068uB^2}{E_y} = 290.3\text{m}$$

另外利用上面两个例子，在实际应用中，我们观测得到 B，u，L_B 时，就可以粗略地计算出 E_y。

4.2.3 任意位置排放

与中心排放不同，对于在任意位置排放污染物质到达左岸和到达右岸的距离是不同的，需要分别考虑，见图 4-7。

同前，我们只考虑岸边一次反射，计算到达左岸的距离可以略去右岸反射的影响，此时，在左岸浓度为

$$C(x, B - y_0) = \frac{2m}{\sqrt{4\pi E_y ux}} \exp\left[-\frac{u(B - y_0)^2}{4E_y x}\right] \tag{4-16}$$

式（4-16）中取 y_0 为正值。

在 $y = 0$ 时断面浓度最大，最大浓度

$$C(x,0) = \frac{m}{\sqrt{4\pi E_y u x}} \tag{4-17}$$

根据扩散到对岸距离的定义，即

$$\frac{C(x,B)}{C(x,y_0)} = 0.05$$

可得到

$$L_B = \frac{0.068u(B-y_0)^2}{E_y} \tag{4-18}$$

当污染源在中心或岸边时，式（4-18）可分别化简为式（4-14）和式（4-15）。

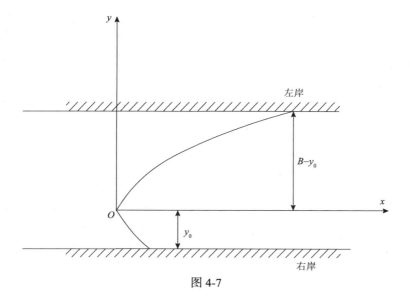

图 4-7

相同地，计算到达右岸的距离可以忽略左岸反射的影响，只考虑右岸一次反射，则在右岸（$y=0$）的浓度为

$$C(x,-y_0) = \frac{2m}{\sqrt{4\pi E_y u x}} \exp\left[\frac{-u(-y_0)^2}{4E_y x}\right] = \frac{2m}{\sqrt{4\pi E_y u x}} \exp\left(\frac{-uy_0^2}{4E_y x}\right) \tag{4-19}$$

断面最大浓度仍然利用式（4-17），因此可得到达右岸（近岸）的距离是

$$L_B = \frac{0.068uy_0^2}{E_y} \qquad (4\text{-}20)$$

4.3　传统意义的污染带扩散宽度

4.3.1　宽阔水域扩散宽度计算

从第三章我们已经知道，投入无限宽水域中的污染物扩散后其浓度在横向上呈某种分布，离开源越远的地方浓度越小，逐渐趋向于零。由于在很宽阔的水域点源的基本解是高斯分布，理论上高斯分布的底宽是无限的，由高斯分布叠加得到的分布，底宽也是无限的。实用上可以根据研究问题的需要来定义污染的扩散宽度。

当浓度是高斯分布的情况下，经常采用若干倍标准差 σ 来估计扩散范围。统计理论告诉我们，高斯分布的底宽 y 在 $|y| < \sigma$ 的区间，所占概率为 68.3%；$|y| < \sqrt{2}\sigma$ 所占概率为 84.3%；$|y| < 2\sigma$ 所占概率为 95.4%；$|y| < 3\sigma$ 所占概率为 99.5%。因此通常采用扩散带内质量约占总质量 95% 的宽度 4σ 为扩散宽。而标准差为 $\sigma = \sqrt{2E_y t} = \sqrt{2E_y \dfrac{x}{u}}$，这样扩散宽即为

$$b = 4\sigma = 4\sqrt{2E_y t} = 4\sqrt{2E_y \frac{x}{u}}$$

【例 4-3】　在一很宽阔河流断面的中心，布有一个工业废水排放口，废水流量 $q = 0.20\,\mathrm{m^3/s}$。废水中含有守恒的有害物质，浓度 $C_0 = 100\mathrm{mg/L}$，河流水深 $h = 4.0\,\mathrm{m}$，平均流速 $u = 1.0\,\mathrm{m/s}$，阻力流速 $u_* = 0.061\,\mathrm{m/s}$，假定废水排出后垂向均匀混合，横向扩散系数 $E_y = 0.4hu_*$，求近似估算排放口下游 400m 处的污染带宽度和有害物质的最大浓度。

解：①求扩散宽

$$E_y = 0.4hu_* = 0.4 \times 4 \times 0.061 = 0.098\mathrm{m^2/s}$$

如以 4σ 作为污染带的宽度 b，则

$$b = 4\sqrt{2E_y \frac{x}{u}} = 4\sqrt{2 \times 0.098 \times \frac{400}{1.0}} = 35.4\mathrm{m}$$

②求最大浓度

引用

$$C(x,y) = \frac{m}{\sqrt{u}\sqrt{4\pi E_y x}} \exp\left(\frac{-y^2 u}{4E_y x}\right)$$

得出断面内最大浓度应在排放口正下游位置($y=0$)，取 $x=400$ 有

$$C_{\max} = \frac{qC_0}{hu\sqrt{4\pi E_y \dfrac{x}{u}}} = \frac{0.2 \times 100}{4.0 \times 1.0 \times \sqrt{4 \times \pi \times 0.098 \times \dfrac{400}{1.0}}} = 0.225\text{mg/L}$$

下游 400m 处的最大浓度是排出浓度的 0.225%。

4.3.2　受河岸边界影响的扩散宽度计算

如果污染带宽度受到河岸边界影响，需要采用另一种定义，即令污染带边缘浓度是断面最大浓度的 5%时所占有的宽度为污染带宽。

首先，看源在岸边情形，如图 4-8 所示。

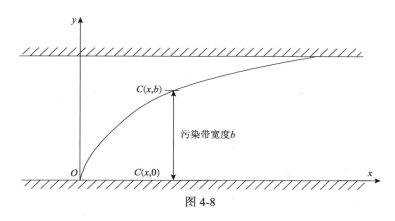

图 4-8

根据定义有

$$C(x,b) = 0.05C(x,0)$$

此时河道内污染物浓度为

$$C(x,y) = \frac{2m}{\sqrt{4\pi u E_y x}} \exp\left(\frac{-y^2 u}{4E_y x}\right)$$

得

$$\frac{C(x,b)}{C(x,0)} = \exp\left(\frac{-ub^2}{4xE_y}\right) = 0.05$$

$$\frac{-ub^2}{4xE_y} = -2.996$$

这样源在岸边时污染带宽为

$$b \approx 3.46\sqrt{E_y \frac{x}{u}}$$　　　　　　　（4-21）

我们再看一下源在河中心情形，如图 4-9 所示。

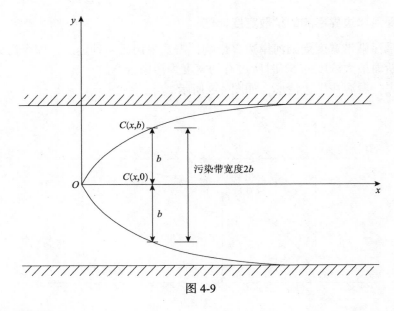

图 4-9

同样地，由定义

$$C(x,b) = 0.05C(x,0)$$

污染物浓度为

$$C(x,y) = \frac{m}{\sqrt{4\pi uE_y x}} \exp\left(\frac{-y^2 u}{4E_y x}\right)$$

这样

$$\frac{C(x,b)}{C(x,0)} = \exp\left(\frac{-ub^2}{4xE_y}\right) = 0.05$$

即

$$b \approx 3.46\sqrt{E_y\frac{x}{u}}$$

所以源在河中心时污染带宽为

$$2b \approx 6.92\sqrt{E_y\frac{x}{u}} \tag{4-22}$$

以上污染带的宽度都是污染带未到达岸边时的宽度，即 $x < L_B$ 时的污染带宽度；当 $x \geqslant L_B$ 时污染物的扩散受限了，扩散宽度也就是河宽 B 了。

【例 4-4】　在某河流的中心有一个排放口，污水流量 $q_0 = 0.50\,\text{m}^3/\text{s}$（不计初始动量），废物质不降解，浓度 $C_0 = 600\,\text{mg}/\text{L}$。该河水面宽 $B = 70\,\text{m}$，水深 $h = 3\,\text{m}$，河道比降 $I = 0.0001$，流量 $Q = 175\,\text{m}^3/\text{s}$。横向扩散系数 $E_y = 0.6u_*h$，求：①污染带宽的一般表达式；②污染带扩展到全河宽时，该处到排放口的距离 L_B；③污染带扩展到全河宽时断面中的最大浓度。

解：①求污染带宽的一般表达式

源在河中心时污染带宽为

$$2b \approx 6.92\sqrt{E_y\frac{x}{u}}$$

对本题

$$u = \frac{Q}{A} = 0.833\,\text{m/s}$$

$$u_* = \sqrt{ghI} = 0.054\,\text{m/s}$$

$$E_y = 0.6u_*h = 0.097\,\text{m}^2/\text{s}$$

有

$$2b = 2 \times \sqrt{\frac{2.996 \times 4xE_y}{u}} = 2.36\sqrt{x}\ \text{m}$$

因此，在 $x < L_B$ 情况下，扩散宽度表达式为 $2.36\sqrt{x}$ ；当 $x \geqslant L_B$ 时，污染物扩散宽度就是河宽 70m。

②求源到污染带扩散到全河宽时的距离 L_B

$$L_B = \frac{0.068uB^2}{4E_y} = \frac{0.068 \times 0.833 \times (70)^2}{4 \times 0.097} \approx 715\text{m}$$

③扩散到全河宽时断面内最大浓度 $C_{\max}$

$$C_{\max} \approx \frac{qC_0}{h\sqrt{4\pi E_y ux}} = \frac{0.5 \times 600}{3 \times \sqrt{4\pi \times 0.097 \times 0.833 \times 715}} = 3.71\text{mg/L}$$

$$\frac{C_0}{C_{\max}} = \frac{600}{3.71} = 162$$

因此，当污水扩散到全断面时，最大浓度只有排放浓度的 $1/162$ 。

4.4　基于等浓度线的污染带特征参数计算

上一节我们将污染带定义为若干倍标准差或污染物浓度高于同断面上最大浓度 5%的区域，表明污染物的多数部分在这个范围内，但这种表达方式也有不足，污染带边缘浓度是沿程变化的，未能与水环境质量的评判紧密联系起来，会导致其实用价值不高。为了便于污染控制与环境管理，这一节我们采用基于等浓度线的方法来计算污染带的范围，即将排污口附近环境水域污染物浓度高于该水体环境功能要求的水质标准的区域称为污染带，这一方法将污染带范围与环境水质标准紧密联系起来，污染带边缘浓度相等，有利于进行水环境质量控制，也可以在地表水环境影响预测与评价、水域纳污能力计算和入河排污口设置论证中直接进行应用。这样，污染带边缘浓度可以取为某一水质标准浓度值，也可将污染带边缘浓度设定为某一允许浓度升高的净值。本节重点讨论基于等浓度线的污染带特征参数计算。

4.4.1　宽阔水域的污染带特征计算

对于宽阔水域的污染物排放，可以不考虑边界的影响。这时浓度分布公式表示为

$$C(x, y) = \frac{m}{\sqrt{4\pi E_y ux}} \exp\left(\frac{-uy^2}{4E_y x}\right) \tag{4-23}$$

设污染带边缘线的浓度值为 C_s，水域本底浓度为 C_0（图 4-10），则允许升高浓度值为 $C_z = C_s - C_0$，则曲线方程为

$$C(x,y) = \frac{m}{\sqrt{4\pi E_y ux}} \exp\left(\frac{-y^2 u}{4E_y x}\right) = C_z \qquad (4\text{-}24)$$

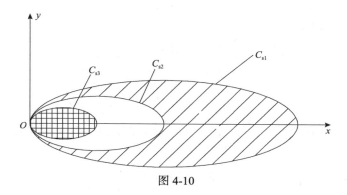

图 4-10

研究表明，最大浓度在排放口下游的中心线上，令 $y = 0$，计算相应的 x：

$$C(x,0) = \frac{m}{\sqrt{4\pi E_y ux}} = C_z$$

得到

$$x = \frac{m^2}{4\pi E_y u C_z^2}$$

即可获得污染带最大长度 L_x 为

$$L_x = \frac{m^2}{4\pi E_y u C_z^2} \qquad (4\text{-}25)$$

污染带不同位置的宽度是不等的，但若能给出污染带的最大宽度，则污染带的分布范围也就大致确定了。

将式（4-24）变形为

$$\exp\left(\frac{-y^2 u}{4E_y x}\right) = \frac{C_z \sqrt{4\pi E_y ux}}{m}$$

两边取对数并化简得

$$y^2 = -\frac{4E_y}{u}\ln\left(\frac{C_z\sqrt{4\pi E_y u}}{m}\right)x - \frac{2E_y}{u}x\ln x \tag{4-26}$$

$$y = \sqrt{-\frac{4E_y}{u}\ln\left(\frac{C_z\sqrt{4\pi E_y u}}{m}\right)x - \frac{2E_y}{u}x\ln x}$$

这样就可以得到下游 x 处污染带宽度 B_x 的计算公式：

$$B_x = 2\sqrt{-\frac{4E_y}{u}\ln\left(\frac{C_z\sqrt{4\pi E_y u}}{m}\right)x - \frac{2E_y}{u}x\ln x} \tag{4-27}$$

令 $a = -\frac{4E_y}{u}\ln\left(\frac{C_z\sqrt{4\pi E_y u}}{m}\right)$，$b = -\frac{2E_y}{u}$，则式（4-26）简化为

$$y^2 = ax + bx\ln x \tag{4-28}$$

根据极值原理，最大宽度位置处导数为 0，对式（4-28）两边求导得

$$2yy' = a + b(\ln x + 1) = 0$$

可解得最大宽度对应的距离：

$$x_m = \exp\left(-\frac{a+b}{b}\right) = \frac{m^2}{4\pi E_y e u C_z^2} \tag{4-29}$$

相应的污染带最大宽度：

$$B_{xm} = 2y_m = \frac{\sqrt{2}}{\sqrt{\pi e}}\frac{m}{uC_z} \tag{4-30}$$

【例 4-5】 在某一宽阔水域，水深 $h = 2\,\text{m}$，流速为 0.5m/s，该水域水质本底浓度为 10mg/L，比降 $I = 0.0002$，现准备设置一个新的排污口，污水流量 $q_0 = 2.0\,\text{m}^3/\text{s}$，排放污水浓度 60mg/L，不考虑污染物质降解作用，横向扩散系数 $E_y = 0.5u_*h$，求：新设置的排污口形成的边界浓度为 15mg/L 的污染带的最大长度与宽度是多少？

解：利用污染带最大长度 L_x 和最大宽度 B_{xm} 的公式为

$$L_x = \frac{m^2}{4\pi E_y u C_z^2}$$

$$B_{xm} = \frac{\sqrt{2}}{\sqrt{\pi e}}\frac{m}{uC_z}$$

对于本题：

$$u_* = \sqrt{ghI} = \sqrt{9.81 \times 2 \times 0.0002} = 0.0626\text{m/s}$$

$$E_y = 0.5u_*h = 0.5 \times 0.0626 \times 2 = 0.0626\text{m}^2/\text{s}$$

$$C_z = C_s - C_0 = 15\text{mg/L} - 10\text{mg/L} = 5\text{mg/L}$$

$$m = \frac{(60-10)\,\text{mg/L} \times 2\,\text{m}^3/\text{s}}{2\text{m}} = 50\,\text{g}/(\text{s} \cdot \text{m})$$

则最大长度和最大宽度分别为

$$L_x = \frac{m^2}{4\pi E_y uC_z^2} = \frac{50^2}{4 \times 3.14 \times 0.0626 \times 0.5 \times 5^2} = 254\text{m}$$

$$B_{xm} = \frac{\sqrt{2}}{\sqrt{\pi e}}\frac{m}{uC_z} = \frac{\sqrt{2}}{\sqrt{3.14 \times 2.728}} \times \frac{50}{0.5 \times 5} = 9.7\text{m}$$

4.4.2　岸边排放的污染带特征计算

对岸边排放，考虑本岸反射，这时浓度分布公式表示为

$$C(x,y) = \frac{2m}{\sqrt{4\pi E_y ux}}\exp\left(\frac{-y^2 u}{4E_y x}\right) = \frac{m}{\sqrt{\pi E_y ux}}\exp\left(\frac{-y^2 u}{4E_y x}\right) \qquad (4\text{-}31)$$

污染带是由一条等浓度曲线和河岸线围成的水域。其长度为等浓度线与河岸线两交点间的河岸线长度（图4-11）。

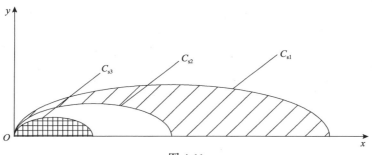

图 4-11

令 $y=0$ ，得到岸边排放污染带最大长度 L_x 为

$$L_x = \frac{m^2}{\pi E_y u C_z^2} \qquad （4\text{-}32）$$

污染带最大长度均与污染物排放量的平方成正比，与水质浓度升高的净值的平方成反比。在同等条件下，岸边排污形成的污染带长度是宽阔水域排污情况下的 4 倍。

用同样的方法，可解得岸边排放最大宽度对应的距离：

$$x_m = \frac{m^2}{\pi E_y e u C_z^2} \qquad （4\text{-}33）$$

相应的污染带最大宽度：

$$B_{xm} = \frac{\sqrt{2}}{\sqrt{\pi e}} \frac{m}{u C_z} \qquad （4\text{-}34）$$

可见，污染带的最大宽度与污染物排放量成正比，与净增加浓度成反比。与宽阔水域排污口形成的污染带相比，岸边排污口形成的污染带由于受岸边的限制而显得长而窄。

【例 4-6】 在某一宽阔河道，水深 2.0m，流速为 0.5m/s，河道糙率系数 0.025，该水域水质本底浓度为 5mg/L，在河流岸边有一连续稳定的污水排放口，污水流量 $q_0 = 2.0 \text{ m}^3/\text{s}$，排放污水浓度 50mg/L，不考虑污染物质降解作用，横向扩散系数 $E_y = 0.5 u_* h$ 。求：排污口形成的边界浓度为 15mg/L 的污染带的最大长度与宽度是多少？

解：利用污染带最大长度 L_x 和最大宽度 B_{xm} 的公式为

$$L_x = \frac{m^2}{\pi E_y u C_z^2}$$

$$B_{xm} = \frac{\sqrt{2}}{\sqrt{\pi e}} \frac{m}{u C_z}$$

对于本题：

$$u_* = \frac{un\sqrt{g}}{h^{1/6}} = \frac{0.5 \times 0.025 \times \sqrt{9.81}}{2^{1/6}} = 0.035\text{m/s}$$

$$E_y = 0.5hu_* = 0.5 \times 2 \times 0.035 = 0.035\text{m}^2/\text{s}$$

$$C_z = C_s - C_0 = 15\text{mg/L} - 5\text{mg/L} = 10\text{mg/L}$$

$$m = \frac{(50-5)\ \text{mg/L} \times 2\ \text{m}^3/\text{s}}{2\text{m}} = 45\ \text{g/(s·m)}$$

则最大长度和最大宽度分别为

$$L_x = \frac{m^2}{\pi E_y u C_z^2} = \frac{45^2}{3.14 \times 0.035 \times 0.5 \times 10^2} = 369\text{m}$$

$$B_{xm} = \frac{\sqrt{2}}{\sqrt{\pi e}} \frac{m}{uC_z} = \frac{\sqrt{2}}{\sqrt{3.14 \times 2.728}} \times \frac{45}{0.5 \times 10} = 4.3\text{m}$$

最后，本章举一个非守恒物质扩散器排放的算例。

【例 4-7】 有一条顺直小河，河宽 $B = 150\ \text{m}$，水深 $h = 3\ \text{m}$，流量 $Q = 212\ \text{m}^3/\text{s}$。如图 4-12 所示，上游拟建一个污水潜没扩散器，从岸边伸入河中 $l = 30\ \text{m}$，排出污水量 $q_0 = 0.43\ \text{m}^3/\text{s}$。污水中大肠杆菌浓度 $C_0 = 10^6$ 个/100mL。在该河段下游 16.1km 的对岸，有一座自来水厂，要求水源的水质标准是大肠杆菌少于 50 个/100mL。在下游 24.1km，与污水扩散器同岸边，有一处天然游泳场，要求的水质标准是大肠杆菌少于 1000 个/100mL。问这种情况下，是否满足水质标准？该河底坡度比降 $I = 10^{-4}$，横向扩散系数 $E_y = 0.25hu_*$，大肠杆菌的衰减系数 $K_d = 2.5$ 个/d。

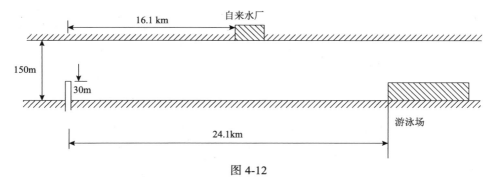

图 4-12

解：①求游泳场的大肠杆菌浓度

利用公式（3-71），对流扩散二维连续源并有衰减项的公式为

$$C(x,y) = \frac{m}{\sqrt{u}\sqrt{4\pi E_y x}} \exp\left(\frac{-y^2 u}{4E_y x} - K_d t\right)$$

$$= \frac{m}{u\sqrt{4\pi E_y \dfrac{x}{u}}} \exp\left(\frac{-y^2 u}{4E_y x} - K_d \frac{x}{u}\right) \qquad (4\text{-}35)$$

考虑本岸的反射作用，见图 4-13，因为真源长度 30m，需要对上式从–30m 处到+30m 处进行积分，得

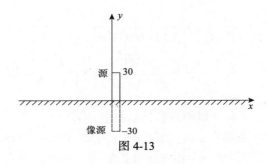

图 4-13

$$C(x,y) = \int_{-30}^{30} \frac{m \, \mathrm{d}y'}{u\sqrt{4\pi E_y \dfrac{x}{u}}} \exp\left[\frac{-(y-y')^2 u}{4E_y x} - K_d \frac{x}{u}\right]$$

$$= \frac{m}{2u}\left\{\operatorname{erf}\left[\frac{(y+30)\sqrt{u}}{\sqrt{4E_y x}} - \frac{(y-30)\sqrt{u}}{\sqrt{4E_y x}}\right]\right\} \cdot \mathrm{e}^{-K_d \frac{x}{u}}$$

具体计算过程如下：

$$\int_{-30}^{30} \frac{m}{u\sqrt{4\pi E_y \dfrac{x}{u}}} \exp\left[\frac{-(y-y')^2 u}{4E_y x}\right] \mathrm{d}y'$$

$$= \frac{m}{u} \times \frac{1}{\sqrt{\pi}} \int_{-30}^{30} \exp\left[\frac{-(y'-y)^2 u}{4E_y x}\right] \times \mathrm{d}\frac{(y'-y)\sqrt{u}}{\sqrt{4E_y x}}$$

有误差函数

$$\operatorname{erf}(z) = \int_0^z \frac{2}{\sqrt{\pi}} \times \mathrm{e}^{-\eta^2} \, \mathrm{d}\eta$$

令

$$\eta = \frac{(y' - y)\sqrt{u}}{\sqrt{4E_y x}}$$

这样

$$y' = -30 \to 30$$

相当于

$$\eta = \frac{(-30 - y)\sqrt{u}}{\sqrt{4E_y x}} \to \frac{(30 - y)\sqrt{u}}{\sqrt{4E_y x}}$$

这样，

$$\frac{m}{u} \times \frac{1}{\sqrt{\pi}} \int_{-30}^{30} \exp\left[\frac{-(y'-y)^2 u}{4E_y x}\right] \times \mathrm{d}\frac{(y'-y)\sqrt{u}}{\sqrt{4E_y x}} = \frac{m}{2u} \int_{\frac{(-30-y)\sqrt{u}}{\sqrt{4E_y x}}}^{\frac{(30-y)\sqrt{u}}{\sqrt{4E_y x}}} \frac{2}{\sqrt{\pi}} \times \mathrm{e}^{-\eta^2} \mathrm{d}\eta$$

$$= \frac{m}{2u}\left[\int_0^{\frac{(30-y)\sqrt{u}}{\sqrt{4E_y x}}} \frac{2}{\sqrt{\pi}} \times \mathrm{e}^{-\eta^2} \mathrm{d}\eta - \int_0^{\frac{(-30-y)\sqrt{u}}{\sqrt{4E_y x}}} \frac{2}{\sqrt{\pi}} \times \mathrm{e}^{-\eta^2} \mathrm{d}\eta\right]$$

利用误差函数的性质

$$\mathrm{erf}(-z) = -\mathrm{erf}(z)$$

$$= \frac{m}{2u}\left\{\mathrm{erf}\left[\frac{(30-y)\sqrt{u}}{\sqrt{4E_y x}}\right] - \mathrm{erf}\left[\frac{(-30-y)\sqrt{u}}{\sqrt{4E_y x}}\right]\right\}$$

$$= \frac{m}{2u}\left\{\mathrm{erf}\left[\frac{(y+30)\sqrt{u}}{\sqrt{4E_y x}}\right] - \mathrm{erf}\left[\frac{(y-30)\sqrt{u}}{\sqrt{4E_y x}}\right]\right\}$$

当 $y=0$ 时，则

$$C(x,0) = \frac{m}{u}\mathrm{erf}\left(\frac{30\sqrt{u}}{\sqrt{4E_y x}}\right) \cdot \mathrm{e}^{K_\mathrm{d}\frac{x}{u}}$$

根据题意，$x = 24.1\,\mathrm{km}$，$u = \dfrac{212}{150 \times 3} = 0.47\,\mathrm{m/s}$，$K_\mathrm{d} = 2.5\,\text{个/d}$，有

$$E_y = 0.25hu_* = 0.25\sqrt{ghI} \cdot h = 0.25\sqrt{9.81 \times 3 \times 10^{-4}} \times 3 = 0.040\,\mathrm{m^2/s}$$

$$\frac{m}{u} = \frac{q_0 \cdot C_0}{h \times 30 \times u} = \frac{0.43 \times 10^6}{3 \times 30 \times 0.47} = 1.02 \times 10^4\,\text{个/100mL}$$

所以，24.1km 处的浓度为

$$C = 1.02 \times 10^4 \times \mathrm{erf}\left(\frac{30\sqrt{0.47}}{\sqrt{4 \times 0.04 \times 24.1 \times 10^3}}\right) e^{\frac{-2.5}{86400} \times \frac{24.1 \times 10^3}{0.47}} = 835 \text{个}/100\mathrm{mL}$$

因此游泳场的水质满足水质标准。

②求自来水厂处河水的浓度

再考虑对岸反射作用，见图 4-14，有

$$C(x,y) = \int_{-30}^{30} \frac{m\mathrm{d}y'}{u\sqrt{4\pi E_y \dfrac{x}{u}}} \exp\left[\frac{-(y-y')^2 u}{4E_y x} - K_\mathrm{d}\frac{x}{u}\right]$$

$$+ \int_{270}^{330} \frac{m\mathrm{d}y'}{u\sqrt{4\pi E_y \dfrac{x}{u}}} \exp\left[\frac{-(y-y')^2 u}{4E_y x} - K_\mathrm{d}\frac{x}{u}\right]$$

利用前面类似的计算方法，上式结果为

$$C(x,y) = \frac{m}{u} e^{-K_\mathrm{d}\frac{x}{u}}\left\{\mathrm{erf}\left[\frac{(y+30)\sqrt{u}}{\sqrt{4E_y x}}\right] - \mathrm{erf}\left[\frac{(y-30)\sqrt{u}}{\sqrt{4E_y x}}\right]\right.$$

$$\left. + \mathrm{erf}\left[\frac{(y-300+30)\sqrt{u}}{\sqrt{4E_y x}}\right] - \mathrm{erf}\left[\frac{(y-300-30)\sqrt{u}}{\sqrt{4E_y x}}\right]\right\}$$

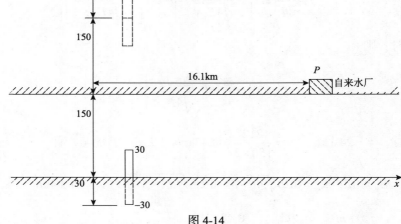

图 4-14

所以距源 16.1km 处的对岸的浓度为

$$C = 1.02 \times 10^4 \times e^{\frac{-2.5}{86400} \times \frac{1.61 \times 10^3}{0.47}} \times \frac{1}{2} \left\{ erf\left[\frac{(150+30)\sqrt{u}}{\sqrt{4E_y x}} \right] - erf\left[\frac{(150-30)\sqrt{u}}{\sqrt{4E_y x}} \right] \right.$$

$$\left. + erf\left[\frac{(150-300+30)\sqrt{u}}{\sqrt{4E_y x}} \right] - erf\left[\frac{(150-300-30)\sqrt{u}}{\sqrt{4E_y x}} \right] \right\}$$

$$= 1.02 \times 10^4 \times 0.371 \left[erf(2.431) - erf(1.621) \right] = 80.6 个/100mL$$

可见自来水厂的河水水质较差，不符合卫生要求。因此需要调整排污口的设计。

思考题

（1）一条小型河道，水深 2.5m，宽 50m，河道的水面比降为 $I = 1.38 \times 10^{-5}$，河道断面平均流速为 0.15m/s，且 $\alpha_y = 0.4$，分别计算污染源在河中心和岸边排放时，到达对岸和充分混合的距离。

（2）在一无限宽水域，流速为 0.5m/s，水深 $h = 2m$，有一排污口，排污量 $q_0 = 1.2m^3/s$，排污浓度 100mg/L，糙率系数 $n = 0.02$，$\alpha_y = 0.5$，求下游 150m 处的污染带宽度及该断面最大浓度值是多少？

（3）有一长直矩形断面河道，宽为 80m，近似为均匀水深 2m，断面平均流速为 0.1m/s，河道的糙率系数 $n = 0.025$，$E_y = 0.35hu_*$，在河中心以强度不变的恒定时间连续点源投放示踪剂，试问在下游什么位置水面上可出现岸边浓度为中心浓度的 2%？（仅需考虑岸边一次反射）

（4）一条顺直河流，河中心有一连续排污口。沿河岸往下游采水样检测，在下游 180m 处污染物达到岸边。已知河宽 10m，水深 4.0m，河水流速 2.5m/s，河道底坡比降 0.0003。不考虑污染物质降解作用。问此河流横向扩散系数 α_y 是多少？

（5）一条顺直河流，河宽三分之一处有一连续排污口，排污流量为 0.8m³/s，污水浓度为 550mg/L。该河宽 50m，水深 4.6m，流速 1.2m/s，河道底坡比降 0.0002，$E_y = 0.5hu_*$，求污染物到达最近岸边前的污染带宽表达式。

（6）有一条很宽的河流，河流水深 3.0m，流速 0.5m/s，河道底坡比降 0.0002，在河岸边有一个排污口，污水排放浓度为 100mg/L，排污流量为 2.0m³/s，不考虑污染物质降解作用，横向扩散系数 $E_y = 0.6hu_*$，河道水质本底浓度为 3mg/L，求：排污形成的边界浓度为 8mg/L 的污染带的最大长度与最大宽度是多少？

第五章 污染物分散现象与分散系数确定

在第二章，我们已经讨论了分子扩散和紊动扩散问题，这一章将讨论剪切流的分散。剪切流是指水流在流线的法线方向具有速度梯度存在的流动，天然情况下大多数流动是剪切流，分散是伴随着剪切流而发生的。

前文已指出，当污染物进入水体以后，污染物质就附着在水质点上，在流场的约束下随着水质点一起运动。我们在研究它们的扩散问题时，若流场和浓度按三维欧拉法描述的情形来分析，将得到实际空间点上真实污染物的浓度值，无需考虑分散。

但在许多情况下，如研究天然明渠水流或管道流的混合和扩散问题时，我们可以把它简化看作一维或二维问题，这时，在剪切流中，断面平均流速与空间点流速之间将有差异，从而引起真实的扩散量与按平均流速计算的扩散量不相等，这就是物质的分散现象，也即本章讨论的内容。

5.1 分散的概念

首先，我们来观察一个现象。如图 5-1 所示，假想在垂向上有两种不同的流动，一种是明渠水流，一种是均匀流。现在我们把它们看成二维流动。

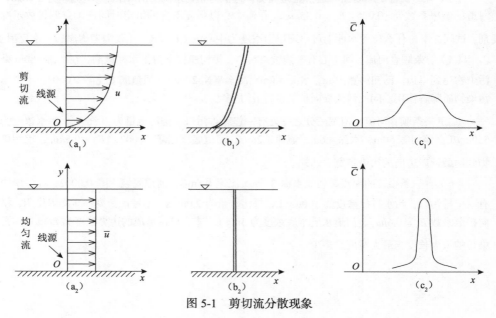

图 5-1 剪切流分散现象

如果在起始时刻 t_0 瞬时投放一条线源，如图 5-1（a_1）所示。对于剪切流，由于扩散质的随流运动，在起始的短瞬间分布成一直线的物质随即跟随水质点向前运动，流速大的地方移动得快，流速小的地方移动得慢。与此同时，物质不可避免地发生紊动扩散和分子扩散，经过短时间输移，形成了如图 5-1（b_1）所示的物质散布形态。

为了分辨出流速不均匀分布所起的作用，与上面对应，设想有一个均匀流速场，其流速与剪切流的 x 向平均流速 $\bar{u}$ 相同。同样在起始时刻瞬时投入一条线源，如图 5-1（a_2）所示，经过相同时间的输移则形成如图 5-1（b_2）所示的物质散布形态。如果沿 y 向求取扩散质的平均浓度，分别得到平均浓度在 x 向的分布如图 5-1（c_1）及图 5-1（c_2）所示。对比这两幅图，我们看到图 5-1（c_1）中物质的平均浓度的散布范围比图 5-1（c_2）的大，似乎物质发生了"扩散"。对于这种由于流速空间分布不均匀而导致物质以空间平均计值瞬时离散的现象，人们称之为分散（dispersion），也可称作离散、弥散、流散等。

5.2　污染物纵向分散方程

既然有污染物质分散现象存在，那么我们如何来量化它呢？本节首先将导出描述纵向分散方程式，即剪切流中断面平均浓度的输移方程，即一维污染物输移方程。该纵向分散方程，指纵向分散概念和一维纵向分散方程，是泰勒（Taylor）首先提出的。其后再导出纵向分散系数的数学表达式。

设垂向水深为 h，如图 5-2 所示，沿 y 向流速分布为 $u(y)$，所以垂向 y 方向的平均流速

$$\bar{u} = \frac{1}{h}\int_0^h u\mathrm{d}y \qquad （5-1）$$

沿垂线 y 各点上流速与垂向平均流速的偏离为

$$u'(y) = u(y) - \bar{u} \qquad （5-2）$$

在流场内瞬时投入一线源以后，扩散质随流扩散形成一个浓度场，以 $C(x,y,t)$ 表示。浓度在垂向 y 方向的平均值是

$$\bar{C} = \frac{1}{h}\int_0^h C\mathrm{d}y \qquad （5-3）$$

点浓度与垂向平均浓度的偏离是

$$C'(y) = C(y) - \overline{C} \tag{5-4}$$

因为只有 x 方向有随流运动，所以扩散方程为

$$\frac{\partial C}{\partial t} + u \frac{\partial C}{\partial x} = \frac{\partial}{\partial x}\left(E_x \frac{\partial C}{\partial x}\right) + \frac{\partial}{\partial y}\left(E_y \frac{\partial C}{\partial y}\right) \tag{5-5}$$

通常随流输移的效率比纵向扩散的效率高得多，为分析简便起见，先略去纵向扩散项，有如下扩散方程：

$$\frac{\partial C}{\partial t} + u \frac{\partial C}{\partial x} = \frac{\partial}{\partial y}\left(E_y \frac{\partial C}{\partial y}\right) \tag{5-6}$$

我们研究分散现象，需要设法显示出垂向流速不均匀的位移效应。对此，可采用以平均流速移动的坐标系来描述扩散质的这种位移效应，这样就消去了平均流速的作用。移动坐标系用 ξ，y，τ 表示为

$$\begin{cases} \xi = x - \overline{u}t \\ y = y \\ \tau = t \end{cases} \tag{5-7}$$

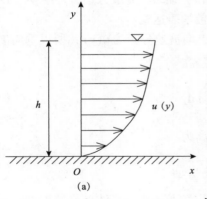 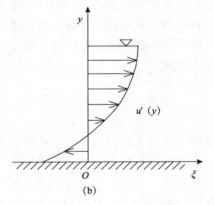

图 5-2

应用复合函数微分法

$$\begin{cases} \dfrac{\partial C}{\partial x} = \dfrac{\partial C}{\partial \xi} \cdot \dfrac{\partial \xi}{\partial x} + \dfrac{\partial C}{\partial \tau} \cdot \dfrac{\partial \tau}{\partial x} = \dfrac{\partial C}{\partial \xi} \\[2mm] \dfrac{\partial C}{\partial t} = \dfrac{\partial C}{\partial \xi} \cdot \dfrac{\partial \xi}{\partial t} + \dfrac{\partial C}{\partial \tau} \cdot \dfrac{\partial \tau}{\partial t} = -\overline{u}\dfrac{\partial C}{\partial \xi} + \dfrac{\partial C}{\partial \tau} \end{cases} \tag{5-8}$$

将式（5-8）代入式（5-6），得

$$\frac{\partial C}{\partial \tau} + u'\frac{\partial C}{\partial \xi} = \frac{\partial}{\partial y}\left(E_y \frac{\partial C}{\partial y}\right) \tag{5-9}$$

对式（5-9）取垂向平均（在上方加横线表示），得

$$\overline{\frac{\partial C}{\partial \tau}} + \overline{u'\frac{\partial C}{\partial \xi}} = \overline{\frac{\partial}{\partial y}\left(E_y \frac{\partial C}{\partial y}\right)} \tag{5-10}$$

因为边界上没有质量穿过，即

$$\frac{\partial C}{\partial y} = 0$$

所以

$$\overline{\frac{\partial}{\partial y}\left(E_y \frac{\partial C}{\partial y}\right)} = \frac{1}{h}\int_0^h \frac{\partial}{\partial y}\left(E_y \frac{\partial C}{\partial y}\right)\mathrm{d}y = \frac{1}{h}\left(E_y \frac{\partial C}{\partial y}\right)\Bigg|_{y=0}^{y=h} = 0$$

即有

$$\overline{\frac{\partial C}{\partial \tau}} = -\overline{u'\frac{\partial C}{\partial \xi}} \tag{5-11}$$

式（5-9）与式（5-11）的点浓度可分解为垂向平均浓度 $\overline{C}$ 与对垂向平均浓度的偏差，即 $C = \overline{C} + C'$，这样式（5-9）变为

$$\frac{\partial \overline{C}}{\partial \tau} + \frac{\partial C'}{\partial \tau} + u'\frac{\partial \overline{C}}{\partial \xi} + u'\frac{\partial C'}{\partial \xi} = \frac{\partial}{\partial y}\left(E_y \frac{\partial C'}{\partial y}\right) \tag{5-12}$$

式（5-11）变为

$$\overline{\frac{\partial(\overline{C} + C')}{\partial \tau}} = -\overline{u'\frac{\partial(\overline{C} + C')}{\partial \xi}}$$

$$\frac{\partial \overline{C}}{\partial \tau} + \overline{\frac{\partial C'}{\partial \tau}} = -\overline{u'\frac{\partial \overline{C}}{\partial \xi}} - \overline{u'\frac{\partial C'}{\partial \xi}}$$

$$\frac{\partial \overline{C}}{\partial \tau} = -\overline{u'\frac{\partial C'}{\partial \xi}} \tag{5-13}$$

将式（5-13）代入式（5-12）整理后得

$$\frac{\partial C'}{\partial \tau} + u'\frac{\partial \overline{C}}{\partial \xi} + u'\frac{\partial C'}{\partial \xi} - \overline{u'\frac{\partial C'}{\partial \xi}} = \frac{\partial}{\partial y}\left(E_y \frac{\partial C'}{\partial y}\right) \tag{5-14}$$

式（5-14）很复杂，需要简化，简化的方法是：对式中各项作数量分析，略去小项。简化后的方程因而附加了条件。这里泰勒引入了推断，这些推断是以丰富的实验观察为依据的。

（1）当扩散时间较长时，垂向充分混合以后，可以认为 $C' \ll \overline{C}$。

（2）由于 $C' \ll \overline{C}$，式（5-14）中左边第三项和第四项互相可抵消，或可以认为第三项减第四项比第二项更小而可以略去。

（3）在扩散时间较长后，断面偏差浓度变化极小，认为 $\frac{\partial C'}{\partial \tau} = 0$。

在上述条件下，式（5-14）简化为

$$u'\frac{\partial \overline{C}}{\partial \xi} = \frac{\partial}{\partial y}\left(E_y \frac{\partial C'}{\partial y}\right) \tag{5-15}$$

求解式（5-15），边界条件是两边壁没有物质穿过，即通量为零，所以边壁处浓度梯度为零。

当 $y = 0$ 和 h 时，

$$\frac{\partial C'}{\partial y} = 0$$

式（5-15）两边对 y 积分

$$\int_0^y u'\frac{\partial \overline{C}}{\partial \xi}\mathrm{d}y = \int_0^y \frac{\partial}{\partial y}\left(E_y \frac{\partial C'}{\partial y}\right)\mathrm{d}y$$

得

$$\frac{\partial \overline{C}}{\partial \xi}\int_0^y u'\mathrm{d}y = E_y \frac{\partial C'}{\partial y} \tag{5-16}$$

再次对 y 积分

$$\int_0^y \frac{1}{E_y}\frac{\partial \overline{C}}{\partial \xi}\int_0^y u'\mathrm{d}y\mathrm{d}y = \int_0^y \frac{\partial C'}{\partial y}\mathrm{d}y = C'(y) - C'(0)$$

所以

$$C'(y) = \frac{\partial \overline{C}}{\partial \xi} \int_0^y \frac{1}{E_y} \int_0^y u' \mathrm{d}y \mathrm{d}y + C'(0) \tag{5-17}$$

在移动坐标系下，沿水流方向物质输运率 $\dot{M}$

$$\dot{M} = \int_0^h u'C' \mathrm{d}y$$

将式（5-17）代入上式，得

$$\dot{M} = \frac{\partial \overline{C}}{\partial \xi} \int_0^h u' \int_0^y \frac{1}{E_y} \int_0^y u' \mathrm{d}y \mathrm{d}y \mathrm{d}y + \int_0^h u'C'(0) \mathrm{d}y$$

因为

$$\int_0^h u'C'(0) \mathrm{d}y = 0$$

所以有

$$\dot{M} = \frac{\partial \overline{C}}{\partial \xi} \int_0^h u' \int_0^y \frac{1}{E_y} \int_0^y u' \mathrm{d}y \mathrm{d}y \mathrm{d}y \tag{5-18}$$

从这个式子我们可看到一个令人熟悉又惊讶的结果，沿水流方向全垂线总的质量输运量正比于垂向平均浓度沿水流方向的梯度。这正符合菲克型扩散定律。

由于有了这个重要的结论，我们可以比拟分子扩散的分析方法，定义一个分散系数。设存在

$$\dot{M} = -hK_x \frac{\partial \overline{C}}{\partial \xi} \tag{5-19}$$

所以

$$K_x = -\frac{1}{h} \int_0^h u' \int_0^y \frac{1}{E_y} \int_0^y u' \mathrm{d}y \mathrm{d}y \mathrm{d}y \tag{5-20}$$

式中：K_x 通常称为纵向分散系数，简称分散系数。K_x 反映了流速分布不均匀产生的物质离散效应，对全垂线（平均）而言，分散系数 K_x 起着分子扩散系数 D 在微观尺度上所起的相似作用，因此我们可以仿照一维扩散方程写出垂向平均浓度的一维纵向分散方程。该方程以移动坐标系表达式是

$$\frac{\partial \overline{C}}{\partial \tau} = K_x \frac{\partial^2 \overline{C}}{\partial \xi^2}$$

变换为原来的固定坐标系，并引入垂向平均流速 $\overline{u}$ 得

$$\frac{\partial \overline{C}}{\partial t} + \overline{u} \frac{\partial \overline{C}}{\partial x} = K_x \frac{\partial^2 \overline{C}}{\partial x^2} \tag{5-21}$$

这就是一维分散方程。它广泛应用于分析一维河流的分散作用。人们为书写简便，常常略去式中的上短横，但略去短横后的含义仍然代表断面平均流速或浓度。

如果使用：

$$\overline{E}_x = K_x + E_x + D$$

则称 $\overline{E}_x$ 为表观分散系数，代替上式的 K_x 后，它包括了分子扩散、紊动扩散和剪切分散的作用，有

$$\frac{\partial \overline{C}}{\partial t} + \overline{u} \frac{\partial \overline{C}}{\partial x} = \overline{E}_x \frac{\partial^2 \overline{C}}{\partial x^2} \tag{5-22}$$

现在我们来追述上面引入的推断的合理性。考察在图 5-1 中扩散质输移的发展过程可以看到：在起始时刻，扩散质以线源形式投入，扩散质集中分布在一直线上。由于流速的不均匀分布，扩散质随着水质点做随流运动并引起分布变形。与此同时，由于分子扩散和紊动扩散作用，线源不仅随流速分布形状扭曲，而且发生扩散，如图 5-1（a_1）与（b_1）所示。在扩散质投入以后不久的一段时间内，剪切流随流输移的分散作用明显大于扩散，这时求各 x 点上的垂向平均浓度，将得到偏态的纵向分布，如图 5-1（c_1）所示。

随着时间增长，线源继续不断被不均匀的流速拉开。上部处的扩散质被带到更远的下游，而接近底部处则滞后更多。与此同时，扩散质也持续扩散。由于扩散的修均作用，垂线上浓度分布趋向均匀，即垂线上的浓度偏差 C' 渐渐变小。这样，扩散质在 x 方向延伸很长的距离，垂向平均浓度 $\overline{C}$ 的沿程变化变缓，即平均浓度的纵向梯度减小，分散作用降低。

5.3 二维明渠紊动剪切流的分散

前节我们已经得出了剪切流纵向分散方程和分散系数的理论式。对于明渠水流，我们仍然遵循泰勒的途径进行分析，可以得出二维明渠流的分散系数。

明渠水流可以认为垂向流速分布符合对数规律

$$u = \frac{u_*}{\kappa} \ln z + c_1 \qquad (5\text{-}23)$$

则

$$u' = \frac{u_*}{\kappa} \left(1 + \ln \frac{z}{h}\right) \qquad (5\text{-}24)$$

式中：h——明渠水深；

z——垂向任意点的坐标；

u'——垂向任意点流速相对平均流速的偏差；

κ——卡门常数；

c_1——常数。

从式（5-23）可导出垂向紊动扩散系数的理论式，具体可见前面第二章 2.2.2 节。

$$E_z = \kappa u_* \left(1 - \frac{z}{h}\right) z \qquad (5\text{-}25)$$

将式（5-24）、式（5-25）代入式（5-20），积分有

$$K_x = -\frac{1}{h} \int_0^h \frac{u_*}{\kappa} \left(1 + \ln \frac{z}{h}\right) \int_0^z \frac{1}{\kappa u_* \left(1 - \frac{z}{h}\right) z} \int_0^z \frac{u_*}{\kappa} \left(1 + \ln \frac{z}{h}\right) \mathrm{d}z \mathrm{d}z \mathrm{d}z = \frac{0.404}{\kappa^3} h u_* \qquad (5\text{-}26)$$

如 $\kappa = 0.41$，得

$$K_x = 5.86 h u_* \qquad (5\text{-}27)$$

据实验结果，取纵向紊动扩散系数 $E_x = 0.23 h u_*$，则表观分散系数

$$\overline{E_x} = (5.86 + 0.23) h u_* \approx 6.1 h u_* \qquad (5\text{-}28)$$

和实验值得到的表观分散系数

$$\overline{E_x} = 6.3 h u_*$$

较接近，从而进一步证明了分散概念的正确性。

5.4　圆管流的纵向分散

我们对圆管流在层流和紊流状态下的纵向分散问题进行讨论。

为方便起见，采用圆柱坐标系 (x, r, θ) 来表示圆管水流运动的随流扩散方程。其方程在层流状态下为

$$\frac{\partial C}{\partial t}+u_x\frac{\partial C}{\partial x}+u_r\frac{\partial C}{\partial r}+\frac{u_\theta}{r}\frac{\partial C}{\partial \theta}=D\left[\frac{\partial^2 C}{\partial x^2}+\frac{1}{r}\frac{\partial}{\partial r}\left(r\frac{\partial C}{\partial r}\right)+\frac{1}{r^2}\frac{\partial^2 C}{\partial \theta^2}\right] \quad（5-29）$$

在紊流状态下随流扩散方程为

$$\frac{\partial C}{\partial t}+u_x\frac{\partial C}{\partial x}+u_r\frac{\partial C}{\partial r}+\frac{u_\theta}{r}\frac{\partial C}{\partial \theta}=E_x\frac{\partial^2 C}{\partial x^2}+\frac{E_r}{r}\frac{\partial}{\partial r}\left(r\frac{\partial C}{\partial r}\right)+\frac{E_\theta}{r^2}\frac{\partial^2 C}{\partial \theta^2} \quad（5-30）$$

首先，我们讨论层流情形：对圆管均匀流，有 $u_r=u_\theta=0$ ；$\frac{\partial C}{\partial \theta}=0$ ；因为纵向分子扩散项 $D\frac{\partial^2 C}{\partial x^2}$ 比纵向随流项 $u_x\frac{\partial C}{\partial x}$ 小得多，故可忽略纵向分子扩散项，于是原方程简化为

$$\frac{\partial C}{\partial t}+u\frac{\partial C}{\partial x}=\frac{D}{r}\frac{\partial}{\partial r}\left(r\frac{\partial C}{\partial r}\right) \quad（5-31）$$

以 $u(r)=u_b(r)+\bar{u}$ 和 $C(r)=C_b(r)+\bar{C}$ 代入上式，式中：

$\bar{u}$ ——断面平均流速；

$u_b(r)$ ——沿径向各点上流速与断面平均流速的偏差（称偏差流速）；

$\bar{C}$ ——断面平均浓度；

$C_b(r)$ ——沿径向各点上浓度与断面平均浓度的偏差（称偏差浓度）。

有

$$\frac{\partial}{\partial t}\left(C_b+\bar{C}\right)+\left(u_b+\bar{u}\right)\frac{\partial}{\partial x}\left(C_b+\bar{C}\right)=\frac{D}{r}\frac{\partial}{\partial r}\left(r\frac{\partial (C_b+\bar{C})}{\partial r}\right)$$

$$\frac{\partial}{\partial t}\left(C_b+\bar{C}\right)+\left(u_b+\bar{u}\right)\frac{\partial}{\partial x}\left(C_b+\bar{C}\right)=\frac{D}{r}\frac{\partial}{\partial r}\left(r\frac{\partial C_b}{\partial r}\right)$$

与前面类似，也进行坐标变换，即 $\xi=x-\bar{u}t$ ，$\tau=t$ ，这样

$$\begin{cases}\dfrac{\partial}{\partial t}=\dfrac{\partial}{\partial \tau}-\bar{u}\dfrac{\partial}{\partial \xi}\\[3mm]\dfrac{\partial}{\partial x}=\dfrac{\partial}{\partial \xi}\end{cases} \quad（5-32）$$

原式便变为

$$\frac{\partial C_b}{\partial \tau}+\frac{\partial \bar{C}}{\partial \tau}+u_b\frac{\partial C_b}{\partial \xi}+u_b\frac{\partial \bar{C}}{\partial \xi}=\frac{D}{r}\frac{\partial}{\partial r}\left(r\frac{\partial C_b}{\partial r}\right) \quad（5-33）$$

对上式取断面平均，有

$$\frac{\partial \overline{C}}{\partial \tau} + \overline{u_b \frac{\partial C_b}{\partial \xi}} = 0$$

将上式代回式（5-33），有

$$\frac{\partial C_b}{\partial \tau} + u_b \frac{\partial \overline{C}}{\partial \xi} + u_b \frac{\partial C_b}{\partial \xi} - \overline{u_b \frac{\partial C_b}{\partial \xi}} = \frac{D}{r} \frac{\partial}{\partial r}\left(r \frac{\partial C_b}{\partial r} \right)$$

同前假设，上式左边的第三项与第四项的差值比第二项的值要小得多，故可忽略第三、四项，便有

$$\frac{\partial C_b}{\partial \tau} + u_b \frac{\partial \overline{C}}{\partial \xi} = \frac{D}{r} \frac{\partial}{\partial r}\left(r \frac{\partial C_b}{\partial r} \right) \tag{5-34}$$

另外，当扩散（即使是瞬时源）经历足够长的时间之后，从动坐标 ξ 看，C_b 随时间 τ 的变化很慢，可以近似认为，$\dfrac{\partial C_b}{\partial \tau}$ 与上式其他两项相比，是可以忽略的，于是上式简化为

$$u_b \frac{\partial \overline{C}}{\partial \xi} = \frac{D}{r} \frac{\partial}{\partial r}\left(r \frac{\partial C_b}{\partial r} \right) \tag{5-35}$$

对于式（5-35），泰勒曾经从物理意义上加以解释，他认为，圆管层流的扩散有两种因素在起作用，一是由于断面上纵向流速分布的不均匀而使示踪物质有纵向分散；二是由于径向浓度梯度的存在而导致示踪物质有径向的分子分散。在扩散初期，纵向分散的作用比径向分子扩散的作用大得多，继后随着纵向浓度的减少而使纵向分散的作用渐渐减弱；但因为纵向分散维持着径向的浓度梯度，从而径向的分子扩散作用能够始终保持。这样当扩散经过足够长的时间之后，$\dfrac{\partial C_b}{\partial \tau}$ 的值近似为零，这两种作用近似于平衡，式（5-35）就是这两种作用达到平衡时的表示式。

将式（5-35）进行积分（其中将 $\dfrac{\partial}{\partial \xi}$ 写为 $\dfrac{\partial}{\partial x}$），得

$$\frac{\partial C_b}{\partial r} = \frac{1}{Dr} \frac{\partial \overline{C}}{\partial x} \int_0^r r u_b \mathrm{d}r \tag{5-36}$$

上式满足边界条件：当 $r = a$（a 为圆管半径），$\dfrac{\partial C_b}{\partial r} = 0$。再对式（5-36）积

分，得

$$C_b(r) = \int_0^r \frac{\partial C_b}{\partial r} \mathrm{d}r + C_b(0) = \frac{1}{D}\frac{\partial \overline{C}}{\partial x}\int_0^r\left(\frac{1}{r}\int_0^r r u_b \mathrm{d}r\right)\mathrm{d}r + C_b(0) \qquad (5\text{-}37)$$

令 $A = \pi a^2$，对圆管水流有分散系数

$$K = -\frac{1}{A\dfrac{\partial \overline{C}}{\partial x}}\int_A u_b C_b \mathrm{d}A \qquad (5\text{-}38)$$

由上可见，当已知偏离流速 u_b，便可由式（5-37）求 C_b，然后将它代入式（5-38）求 K 值。在这个计算过程中，$\dfrac{\partial \overline{C}}{\partial x}$ 将会被消去。

　　下面应用式（5-38）求圆管层流的 K，已知圆管层流的流速分布为

$$u(r) = u_{\mathrm{m}}\left(1 - \frac{r^2}{a^2}\right) \qquad (5\text{-}39)$$

式中：u_{m}——断面中点的流速（即最大流速）。根据式（5-39），可求得断面平均流速

$$\overline{u} = \frac{1}{A}\int_A u(r)\mathrm{d}A = \frac{2u_{\mathrm{m}}}{a^2}\int_0^a\left(1 - \frac{r^2}{a^2}\right)r\mathrm{d}r = \frac{u_{\mathrm{m}}}{2}$$

偏离流速

$$u_b = u - \overline{u} = u_{\mathrm{m}}\left(\frac{1}{2} - \frac{r^2}{a^2}\right) \qquad (5\text{-}40)$$

　　将式（5-40）代入式（5-36），得

$$\begin{aligned}\frac{\partial C_b}{\partial r} &= \frac{u_{\mathrm{m}}}{Dr}\frac{\partial \overline{C}}{\partial x}\int_0^r\left(\frac{1}{2} - \frac{r^2}{a^2}\right)r\mathrm{d}r \\ &= \frac{u_{\mathrm{m}}}{D}\frac{\partial \overline{C}}{\partial x}\left(\frac{r}{4} - \frac{r^3}{4a^2}\right)\end{aligned} \qquad (5\text{-}41)$$

可以发现，上式符合 $r = a$，$\dfrac{\partial C_b}{\partial r} = 0$ 的条件。再将上式的结果代入式（5-37），得

$$C_b(r) = \frac{u_m}{D}\frac{\partial \overline{C}}{\partial x}\int_0^r\left(\frac{r}{4} - \frac{r^3}{4a^2}\right)\mathrm{d}r + C_b(0) = \frac{u_m}{D}\frac{\partial \overline{C}}{\partial x}\left(\frac{r^2}{8} - \frac{r^4}{16a^2}\right) + C_b(0) \quad (5\text{-}42)$$

将式（5-40）和式（5-42）代入式（5-38）进行计算，可得圆管均匀流在层流状态下的纵向分散系数

$$K = \frac{a^2 u_m^2}{192D} \quad (5\text{-}43)$$

其次，我们讨论紊流状态下的纵向分散。与上述层流情形相比拟，对圆管均匀流在紊流状态下也可以推导得相似于式（5-35）～式（5-37）的三个公式，不同的只是将其中的分子扩散系数 D 代换为径向紊动扩散系数 E_r，故有

$$u_b\frac{\partial \overline{C}}{\partial \xi} = \frac{E_r}{r}\frac{\partial}{\partial r}\left(r\frac{\partial C_b}{\partial r}\right) \quad (5\text{-}44)$$

$$\frac{\partial C_b}{\partial r} = \frac{1}{E_r}\frac{\partial \overline{C}}{\partial x}\int_0^r ru_b\mathrm{d}r \quad (5\text{-}45)$$

$$C_b(r) = \int_0^r \frac{\partial C_b}{\partial r}\mathrm{d}r + C_b(0) = \frac{1}{E_r}\frac{\partial \overline{C}}{\partial x}\int_0^r\left(\int_0^r ru_b\mathrm{d}r\right)\frac{1}{r}\mathrm{d}r + C_b(0) \quad (5\text{-}46)$$

式（5-45）要满足的边界条件与前述相同。求 K 值的式（5-45）在紊流状态下当然也适用。

对式（5-44）的解释也与对式（5-35）的解释相似，式（5-44）表达了当扩散经历了一定时间之后，纵向分散系数作用与径向的紊动扩散作用相平衡，C_b 的浓度场达到稳定。

泰勒使用的圆管紊流的流速分布为

$$u(r) = u_m - u_*f(\eta) \quad (5\text{-}47)$$

式中：$f(\eta)$——经验函数，见图 5-3，$\eta = \dfrac{r}{a}$；

u_*——摩阻流速，$u_* = \sqrt{\dfrac{\tau_0}{\rho}}$，$\tau_0$ 为管壁切应力，ρ 为水的密度；

u_m——断面中点的流速（即最大流速）。

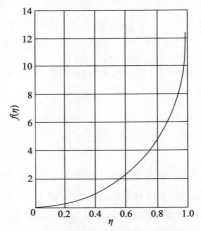

图 5-3 圆管紊流的流速分布函数

断面平均流速

$$\bar{u} = \frac{1}{\pi a^2} \int_0^a u 2\pi r \mathrm{d}r = 2\int_0^1 u\eta \mathrm{d}\eta$$

将式（5-47）代入上式，有

$$\bar{u} = 2\int_0^1 \left[u_\mathrm{m} - u_* f(\eta)\right]\eta \mathrm{d}\eta = u_\mathrm{m} - 2u_*\left[\int_0^1 \eta f(\eta)\mathrm{d}\eta\right]$$

利用图 5-3 给出的 $f(\eta)$ 数值，对上式中的积分进行数值计算，可得

$$\bar{u} = u_\mathrm{m} - 4.25u_* \tag{5-48}$$

继有

$$u_b = u - \bar{u} = u_*\left[4.25 - f(\eta)\right] \tag{5-49}$$

根据水流内部纵向切应力 τ 的定义及雷诺比拟（径向的紊动扩散系数 E_r 与动量扩散系数 ε 相等），有切应力

$$\tau = -\varepsilon\rho\frac{\mathrm{d}u}{\mathrm{d}r} = -E_r\rho\frac{\mathrm{d}u}{\mathrm{d}r} \tag{5-50}$$

水流内部切应力 τ 与管壁切应力 τ_0 的关系为

$$\tau = \frac{r}{a}\tau_0 \tag{5-51}$$

则

$$E_r = -\frac{r\tau_0}{a\rho \dfrac{\mathrm{d}u}{\mathrm{d}r}} = -\frac{ru_*^2}{a\dfrac{\mathrm{d}u}{\mathrm{d}r}}$$ （5-52）

由式（5-47）有

$$\frac{\mathrm{d}u}{\mathrm{d}r} = \frac{\mathrm{d}}{\mathrm{d}r}[u_m - u_* f(\eta)] = -u_* \frac{\mathrm{d}f(\eta)}{\mathrm{d}r} = -u_* \frac{\mathrm{d}f(\eta)}{\mathrm{d}(a\eta)} = -\frac{u_*}{a}\frac{\mathrm{d}f(\eta)}{\mathrm{d}\eta}$$ （5-53）

将上式代入式（5-52），可得

$$E_r = \frac{au_*\eta}{\dfrac{\mathrm{d}f(\eta)}{\mathrm{d}\eta}}$$ （5-54）

这样，有了式（5-49）和式（5-54）便有了计算 K 值的条件，通过数值积分在式（5-46）中计算 C_b，对式（5-38）进行数值积分计算得到圆管流在紊流状态下的纵向分散系数

$$K = 10.06au_*$$ （5-55）

以上在推证中未考虑纵向紊动扩散。根据泰勒求得的纵向紊动扩散系数为

$$E_x = 0.05au_*$$ （5-56）

如果将纵向分散系数和纵向紊动扩散系数同时计入，纵向分散系数变为

$$K = 10.06au_* + 0.05au_* = 10.11au_*$$ （5-57）

5.5　天然河道纵向分散方程及分散系数

天然河流在断面上横向和垂向的流速一般都是不均匀的，如图 5-4（a）所示，因此河流的纵向分散实质上是整个断面流速分布的不均匀引起的。但由于天然河流的宽深比较大，Godfrey 与 Frederick（1970）认为，分散作用主要是由横向不均匀流速分布所引起。Fischer 应用了这个思想，沿用 Taylor 和 Elder 分析二维剪切流的分散方法，导出了天然河流分散的理论式。

设 $u(y,z)$ 是断面上任意一点 (y,z) 的流速，在横向上 y 位置的沿垂向平均流速为

$$\bar{u}(y) = \frac{1}{h(y)} \int_{-h(y)}^{0} u(y,z) \mathrm{d}y \tag{5-58}$$

式中：$h(y)$——y 位置的垂向水深。垂向平均流速 $\bar{u}(y)$ 在 y 方向的分布见图 5-4（b）。

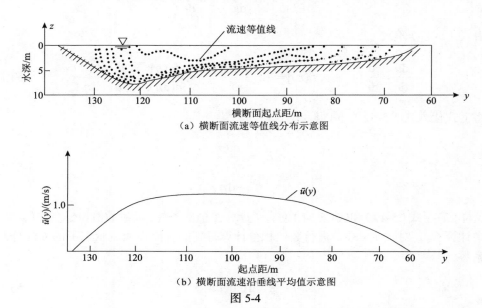

（a）横断面流速等值线分布示意图

（b）横断面流速沿垂线平均值示意图

图 5-4

建立坐标系见图 5-5，并设坐标原点在河流右岸水面。沿用泰勒的扩散与随流平衡的概念推导分散方程。

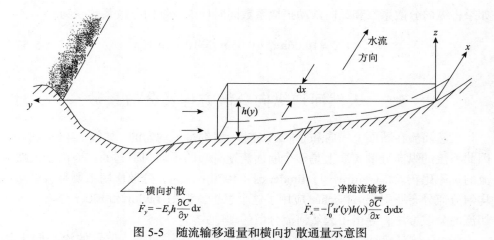

横向扩散
$$\dot{F}_y = -E_y h \frac{\partial C'}{\partial y} \mathrm{d}x$$

净随流输移
$$\dot{F}_x = -\int_0^y u'(y) h(y) \frac{\partial \overline{\overline{C}}}{\partial x} \mathrm{d}y \mathrm{d}x$$

图 5-5　随流输移通量和横向扩散通量示意图

设 $\overline{\overline{u}}$ 为断面平均流速，$u'(y)$ 为 y 位置垂向平均流速相对于断面平均流速的偏差；$\overline{\overline{C}}$ 为断面平均浓度，$\overline{C}(y)$ 是 y 位置的垂向平均浓度，$C'(y)$ 是 y 位置垂向平均浓度相对于断面平均浓度的偏差。

$$u'(y) = \overline{u}(y) - \overline{\overline{u}} \qquad (5\text{-}59)$$

$$C'(y) = \overline{C}(y) - \overline{\overline{C}} \qquad (5\text{-}60)$$

物质输移的横向扩散将穿过 x-z 平面，而净随流输移则穿过 y-z 平面，纵向随流净输移通量为

$$\dot{F}_x = -\int_0^y u'(y)h(y)\frac{\partial \overline{\overline{C}}}{\partial x}\mathrm{d}y\mathrm{d}x \qquad (5\text{-}61)$$

横向扩散通量为

$$\dot{F}_y = -E_y h(y)\frac{\partial C'}{\partial y}\mathrm{d}x \qquad (5\text{-}62)$$

式（5-61）与式（5-62）相平衡，得

$$\int_0^y u'(y)h(y)\frac{\partial \overline{\overline{C}}}{\partial x}\mathrm{d}y = E_y h(y)\frac{\partial C'}{\partial y} \qquad (5\text{-}63)$$

沿用第 5.2 节推导二维水流分散方程的方法，得沿水流方向全断面的物质输送率

$$M = \frac{\partial \overline{\overline{C}}}{\partial x}\int_0^B h(y)u'(y)\int_0^y \frac{1}{E_y h(y)}\int_0^y u'(y)h(y)\mathrm{d}y\mathrm{d}y\mathrm{d}y \qquad (5\text{-}64)$$

式（5-64）表明，全断面的物质输送率与断面平均浓度的纵向梯度成比例。

定义一个分散系数 K，从而下式成立：

$$\dot{M} = -AK\frac{\partial \overline{\overline{C}}}{\partial x}$$

$$K = \frac{-\dot{M}}{A\dfrac{\partial \overline{\overline{C}}}{\partial x}} \qquad (5\text{-}65)$$

式（5-64）代入上式

$$K = \frac{-1}{A} \int_0^B u'(y)h(y) \int_0^y \frac{1}{E_y h(y)} \int_0^y u'(y)h(y) \mathrm{d}y\mathrm{d}y\mathrm{d}y \qquad (5\text{-}66)$$

式中：K 即为天然河流的纵向分散系数，它是在全断面整个流速场上，断面平均浓度沿水流方向离散的总体意义上成立的。

类似地，写出天然河流纵向分散方程

$$\frac{\partial \overline{\overline{C}}}{\partial t} + \overline{\overline{u}} \frac{\partial \overline{\overline{C}}}{\partial x} = K \frac{\partial^2 \overline{\overline{C}}}{\partial x^2}$$

通常略去上面的"$=$"，但各符号仍保持断面平均的意义，写成

$$\frac{\partial C}{\partial t} + u \frac{\partial C}{\partial x} = K \frac{\partial^2 C}{\partial x^2} \qquad (5\text{-}67)$$

这就是通用的纵向分散方程。

分散系数 K 吸收了纵向紊动扩散系数及分子扩散系数以后，称为表观分散系数（也简称为分散系数）

$$\overline{E}_x = K + E_x + D$$

下面通过举例，说明应用实测横向流速分布计算天然河道纵向分散系数。

天然河道某断面如图 5-6 所示，横向流速分布同示意图 5-4（a）、（b）。已知横向扩散系数 $E_y = 0.0124 \, \mathrm{m^2/s}$，总的断面积为 $31.56\mathrm{m^2}$，断面平均流速为 $0.276\mathrm{m/s}$。

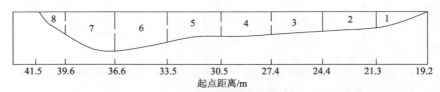

图 5-6　天然河道某断面分带图

计算中将断面分成 8 个分带，具体见表 5-1。

第（1）列：分带编号。

第（2）列：分带起点距。

第（3）列：分带面积。

第（4）列：分带平均水深 h = 分带面积 ÷ 带宽。

第（5）列：分带平均流速。

第（6）列：分带平均偏差流速 u'，u' = 分带平均流速减去断面平均流速。

第（7）列：分带偏差流量 = 分带面积 × u'。

第（8）列：累积偏差流量，为第（7）列的逐行累积值。

第（9）列：$\int_0^y \frac{1}{E_y h_0} \int_0^y hu'dydy$ 等于本列的前行数值+[（8）列的最后一行值的一半×带宽÷h÷E_y]。

第（10）列：$\int_0^y hu' \int_0^y \frac{1}{E_y h} \int_0^y hu'dydydy$ 等于本列的前行数值+[（9）列本行和前行的平均值×（7）列本行数值]。第（10）列的最末一列数值是式（5-66）的积分值226.19，除以总面积 $A = 31.56\,\mathrm{m}^2$，即得分散系数

$$K = -\left(\frac{-226.19}{31.56}\right) = 7.17(\mathrm{m}^2/\mathrm{s})$$

表 5-1　　各分项计算值

分带编号（1）	分带起点距 y（2）	面积/m^2（3）	平均水深 h/m（4）	平均流速/（m/s）（5）	偏差流速 u'/（m/s）（6）	偏差流量 $hu'\Delta y$/（m^3/s）（7）	$\int_0^z hu'dy$ 的累积/（m^3/s）（8）	（9）	（10）
1	19.21	1.18	0.55	0.032	−0.244	−0.286	0	0	0
	21.34							−44.66	6.39
2		3.9	1.28	0.16	−0.115	−0.445	−0.286		
	24.39							−142.37	48.0
3		3.93	1.28	0.301	0.025	0.102	−0.731		
	27.44							−273.03	26.81
4		44.9	1.46	0.333	0.057	0.258	−0.629		
	30.49							−357.28	−54.5
5		4.86	1.59	0.365	0.089	0.0434	−0.371		
	33.54							−381.0	−214.71
6		6.18	2.01	0.35	0.074	0.462	0.063		
	36.59							−345.12	−382.44
7		5.92	1.95	0.234	−0.042	−0.247	0.525		
	39.63							−294.64	−303.43
8		1.1	0.61	0.02	−0.255	−0.278	0.278		
	41.46							−261.01	−226.19

5.6　考虑河流分散作用下的污染物浓度计算

前面我们了解分散作用以及分散系数的计算方法，得到了分散方程，接着我们就可以进行污染物浓度值计算，对于一维河流，我们有

$$\frac{\partial C}{\partial t}+u\frac{\partial C}{\partial x}=K\frac{\partial^2 C}{\partial x^2} \qquad (5\text{-}68)$$

式中：C——断面平均浓度；

　　　K——分散系数；

　　　u——断面平均流速。

当河流的断面变化较小，水流恒定时，突然投入一瞬时源，可以得到

$$C(x,t)=\frac{M}{\sqrt{4\pi Kt}}\exp\left[\frac{-(x-ut)^2}{4Kt}\right] \qquad (5\text{-}69)$$

式（5-69）与第三章的式（3-55）相比，两者非常相似，但是含义相差很大，K 是分散系数，而 E 是紊动扩散系数，K 值远远大于 E 值，所以计算出来的污染长度会远远地被拉长，影响长度更大。

【例 5-1】　设有一条小型河流，河道断面较为均匀，断面平均河宽 $B=8$ m，平均水深 $h=3$ m，河道平均流速 $u=0.8$ m/s，河道糙率系数 0.025，分散系数 $K=20hu_*$，突然有 10kg 的有毒物质瞬时落入该河流，求：①10min 后 440m 处的污染物浓度值；②15min 后污染物浓度值大于 0.3mg/L 的长度。

解：利用公式

$$C(x,t)=\frac{M}{\sqrt{4\pi Kt}}\exp\left[\frac{-(x-ut)^2}{4Kt}\right]$$

对于本题：

$$u=0.8 \text{ m/s}, x=440\text{m}, t=10\times60=600\text{s}$$

$$M=\frac{10.0\text{kg}}{8.0\text{m}\times3.0\text{m}}=\frac{10.0\times10^3\text{g}}{8.0\text{m}\times3.0\text{m}}=0.417\times10^3\text{g/m}^2$$

$$u_*=\frac{un\sqrt{g}}{h^{1/6}}=\frac{0.8\times0.025\times\sqrt{9.81}}{3^{1/6}}=0.052\text{m/s}$$

$$K=20hu_*=20\times3\times0.052=3.12\text{m}^2/\text{s}$$

①10min 后 440m 处的污染物浓度值，代入上式得

$$C(440\text{m},600\text{s}) = \frac{0.417 \times 10^3}{\sqrt{4 \times 3.14 \times 3.12 \times 600}} e^{-\frac{(440-0.8 \times 600)^2}{4 \times 3.12 \times 600}}$$

$$= 2.196\text{g/m}^3 = 2.196\text{mg/L}$$

②15min 后污染物浓度值大于 0.3mg/L 的长度，有

$$C_z = \frac{M}{\sqrt{4\pi Kt}} \exp\left[\frac{-(x-ut)^2}{4Kt}\right]$$

$$\frac{C_z \sqrt{4\pi Kt}}{M} = \exp\left[\frac{-(x-ut)^2}{4Kt}\right]$$

两边取对数：

$$\ln\left(\frac{C_z \sqrt{4\pi Kt}}{M}\right) = \frac{-(x-ut)^2}{4Kt}$$

有

$$4Kt \ln\left(\frac{M}{C_z \sqrt{4\pi Kt}}\right) = (x-ut)^2$$

则

$$x = \pm\sqrt{4Kt \ln\left(\frac{M}{C_z \sqrt{4\pi Kt}}\right)} + ut \qquad (5\text{-}70)$$

这样有

$$x_1 = -\sqrt{4 \times 3.12 \times 900 \times \ln\left(\frac{0.417 \times 10^3}{0.3\sqrt{4 \times 3.14 \times 3.12 \times 900}}\right)} + 0.8 \times 900$$

$$=570\text{m}$$

$$x_2 = \sqrt{4 \times 3.12 \times 900 \times \ln\left(\frac{0.417 \times 10^3}{0.3\sqrt{4 \times 3.14 \times 3.12 \times 900}}\right)} + 0.8 \times 900$$

$$=870\text{m}$$

因此

$$x_2 - x_1 = 870\text{m} - 570\text{m} = 300\text{m}$$

所以 15min 后污染物浓度值大于 0.3mg/L 的长度为 300m。

同时，我们也可以做个比较，见示意图 5-7，如果我们取紊动扩散系数

$$E = 0.6hu_* = 0.6 \times 3 \times 0.052 = 0.0936\text{m}^2/\text{s}$$

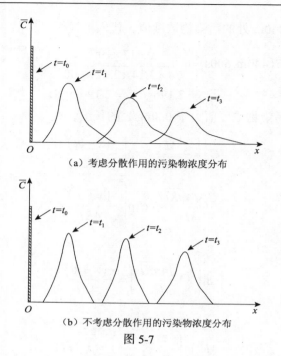

　　　　　　　　（a）考虑分散作用的污染物浓度分布

　　　　　　　　（b）不考虑分散作用的污染物浓度分布

图 5-7

　　通过类似的计算可以得到,10min 后 440m 处的污染物浓度值为 0.0127mg/L;15min 后污染物浓度值大于 0.3mg/L 的长度仅为 72m, 考虑分散作用与不考虑分散作用差异明显。

　　另外, 如果是初始空间分布源, 考虑分散作用我们也可以继续进行同样的计算, 这里就不赘述了。所以河流的分散作用必须考虑到, 分散作用会使污染带拉得很长, 这也是 2005 年松花江水污染事件会形成如此长时间的大范围影响的根本原因了。

5.7　河流纵向分散系数的估算方法

5.7.1　理论式

　　当已知河流断面流速分布时, 可以按上节导出的式（5-66）计算纵向分散系数, 应用中该注意的问题在上节中也已叙述过, 这里省略。

5.7.2　费歇尔经验公式

　　费歇尔通过理论分析和实测资料的总结,提出在河道一般性不均匀情况下（不是很不均匀）使用的半经验公式。该公式是费歇尔的理论公式经过无量纲化并引入下面各项经验数值的基础上建立的。

入下面各项经验数值的基础上建立的。

据 5.2 节，纵向分散系数的一般表达式为

$$\bar{E}_x = -\frac{1}{h} \int_0^{b'} u' \int_0^y \frac{1}{E_y} \int_0^y u' \mathrm{d}y \mathrm{d}y \mathrm{d}y \tag{5-71}$$

引入无量纲化：$y' = y / b'$；$u'' = u' / \sqrt{\overline{u'^2}}$；$E_y' = E_y / \bar{E}_y$。$\bar{E}_y$ 是 E_y 在断面上的平均值，$\sqrt{\overline{u'^2}}$ 为流速偏离的强度。因而写成

$$\bar{E}_x = \frac{b'^2 \overline{u'^2} I}{\bar{E}_y} \tag{5-72}$$

$$I = -\int_0^1 u'' \int_0^{y'} \frac{1}{E_y'} \int_0^{y'} u'' \mathrm{d}y' \mathrm{d}y' \mathrm{d}y' \tag{5-73}$$

式中：b'——特征河宽，为横向流速分布的对称中心到岸边的距离，约 $b' = 0.5B$，B 为水面宽度，如果中心略有偏斜，可令 $b' = 0.7B$；

I——无量纲的积分，应用实际资料计算，I 的变化很小，可取 $I = 0.07$。

费歇尔取 $b' = 0.7B$，$\overline{u'^2} / \bar{u}^2 = 0.17 \sim 0.25$，而取其平均数 0.2，并令 $\bar{E}_y = 0.6 h u_*$，有

$$\bar{E}_x = \frac{0.011 \bar{u}^2 B^2}{u_* h} \tag{5-74}$$

式中：B——河宽；

h——平均水深；

u_*——摩阻流速；

$\bar{u}$——断面平均流速。

这个公式只能用于估算。目前对于复杂天然河流的纵向分散系数，还不能单纯根据河流的水力参数来确定，必须结合室内试验和现场观测的结果。

根据泰勒理论，纵向分散系数的一般表达式可以归纳为

$$K_x = \alpha h u_*$$

式中：α——系数。费歇尔通过收集一系列不同实验室和天然河道的纵向分散系数值，发现系数 α 的变化范围比较大，通常在 140~500 之间，但美国密西西比河的系数 α 高达 7500。纵向分散系数在不同河流条件下的变化范围很大，即使在同一河流的不同河段也有较大差异，必须根据河道自身的特点，建立合适的纵向分散系数估算公式。确定河流纵向分散系数的经验公式有很多，将这些经验公式表达为一般形式，即

$$K_x = a_0 \left(\frac{w}{h}\right)^{b_0} \left(\frac{u}{u_*}\right)^{c_0} hu_* = \alpha hu_* \qquad (5\text{-}75)$$

式中：α——系数；

　　　　w——河宽；

　　　　h——水深；

　　　　u——断面平均流速；

　　　　u_*——摩阻流速；

　　　　a_0，b_0，c_0——常数，需要根据不同的河道特点确定。

具有代表性的经验公式的系数表达式如表 5-2 所示。

表 5-2　代表性经验公式系数表达式

序号	研究者	表达式
1	Yotsukura 和 Fiering（1964）	$\alpha = 9.0 \sim 13.0$
2	Mcquivey 和 Keefer（1974）	$\alpha = \dfrac{0.058}{J}\dfrac{u}{u_*}$（$J$是河床坡度）
3	Liu（1977）	$\alpha = 0.18\left(\dfrac{w}{h}\right)^2\left(\dfrac{u}{u_*}\right)^{0.5}$
4	Fischer 等（1979）	$\alpha = 0.011\left(\dfrac{w}{h}\right)^2\left(\dfrac{u}{u_*}\right)^2$
5	Marivoet 和 Van Craenenbroeck（1986）	$\alpha = 0.0021\left(\dfrac{w}{h}\right)^2\left(\dfrac{u}{u_*}\right)^2$
6	Iwasa 和 Aya（1991）	$\alpha = 2.0\left(\dfrac{w}{h}\right)^{1.5}$
7	Seo 和 Cheong（1998）	$\alpha = 5.915\left(\dfrac{w}{h}\right)^{0.62}\left(\dfrac{u}{u_*}\right)^{1.428}$
8	Koussis 和 Rodriguez-Mirasol（1998）	$\alpha = 0.6\left(\dfrac{w}{h}\right)^2$
9	邓志强和褚君达（2001）	$\alpha = \dfrac{0.043}{8\varepsilon_t}\left(\dfrac{w}{h}\right)^2\left(\dfrac{u}{u_*}\right)^2$ $\varepsilon_t = 0.145 + \left(\dfrac{1}{3520}\right)\left(\dfrac{u}{u_*}\right)\left(\dfrac{w}{h}\right)^{1.38}$
10	Kashefipour 和 Falconer（2002）	$\alpha = 10.612\left(\dfrac{u}{u_*}\right)^2$
11	Sahay 和 Dutta（2009）	$\alpha = 2.0\left(\dfrac{w}{h}\right)^{0.96}\left(\dfrac{u}{u_*}\right)^{1.25}$

5.7.3 应用示踪剂现场观测估算分散系数

在研究河段上游，用浓度较大的示踪剂以连续恒定的释放率或者集中瞬时投入的方式投入河中。在投放点下游适当位置，实地观测河流的水力要素和浓度值，然后据此分析这个河段的分散系数，目前采用的分析方法主要有矩变换法、演算法和优化法等。

5.7.3.1 矩变换法

由前面章节所述得知，纵向分散方程

$$\frac{\partial C}{\partial t} + u\frac{\partial C}{\partial x} = \bar{E}_x\frac{\partial^2 C}{\partial x^2}$$

浓度 C 的纵向分布的方差 σ 与分散系数 $\bar{E}_x$ 有下列关系：

$$\bar{E}_x = \frac{1}{2}\frac{\mathrm{d}\sigma^2}{\mathrm{d}x} \tag{5-76}$$

欲求 $\bar{E}_x$，需沿 x 方向同步观测许多断面的浓度值，得到 $C\text{-}x$ 分布关系，再计算出 σ 而得到，这样做工作量很大，比较麻烦。

通过扩散云"凝固"假定，得出矩变换式

$$\bar{E}_x = \frac{u^2}{2}\frac{\mathrm{d}\sigma_2^2}{\mathrm{d}t} \tag{5-77}$$

式中：σ_2——浓度时间过程的方差。将式（5-77）写为

$$\bar{E}_x = \frac{u^2}{2}\frac{\sigma_{t_2}^2 - \sigma_{t_1}^2}{\bar{t}_2 - \bar{t}_1} \tag{5-78}$$

式中：σ_{t_2}，σ_{t_1}——在断面 2、1 测到的浓度时间过程的方差；

$\bar{t}_2$，$\bar{t}_1$——扩散云通过断面 2、1 的平均时刻。

应用式（5-78）可以计算出分散系数 $\bar{E}_x$。

1）单断面法

在河段上游，把示踪剂瞬时集中地释放入河中，投放点离开研究河段要足够远，以便使研究河段的浓度分布呈高斯分布状态，一般假定当投放点到研究河段的距离 $x > \dfrac{uB^2}{E_x}$ 的河段是满足上述条件的。在研究河段的适当位置，选择一

个固定断面 $x = x_0$ ，测量该断面浓度随时间的变化 $C(x_0, t)$ ，计算浓度分布方差 σ_t^2 ，则

$$\overline{E}_x = \frac{u^2 \sigma_t^2}{2\hat{t}}$$　　　　　　　　（5-79）

式中：u ——断面平均流速；

　　　σ_t^2 ——观测断面浓度时间过程的方差；

　　　$\hat{t}$ ——示踪剂投放至观测断面浓度峰值出现的时距。

这个方法的优点是：只要在一个断面上观测浓度的时间过程，就可以算出分散系数，较为简易。缺点是：①因为观测位置远离示踪剂投入点，浓度已很小，测验误差相对大，使 $\overline{E}_x$ 的误差也大。②所求的 $\overline{E}_x$ ，实际上包含了示踪剂投入后，尚未达到断面均匀混合的这一河段的影响，而该段又不满足分散方程，因而造成所求 $\overline{E}_x$ 的误差大。

2）双断面法

在研究河段上游，瞬时集中地释放示踪剂，投放点离开研究河段应满足 $x > 0.4 \dfrac{uB^2}{E_x}$ 。在研究河段内布设两个断面，观测浓度过程。分别计算这两个断面处的 σ_1 、 σ_2 及 $\overline{t_1}$ 、 $\overline{t_2}$ 。用式（5-78）计算出 $\overline{E}_x$ 。

双断面法比单断面法的工作量大，花费也大，但精度更好。因为：①双断面法的断面布设离源较近，扩散云的浓度会高些。②求 $\overline{E}_x$ 的算式是应用 1、2 两断面浓度分布方差的差值，因而消除了断面浓度未均匀段的影响，而且可以部分消除浓度分布偏态的影响。但是浓度时间过程一般都有较长的"尾部"，其浓度值低，不易测准，却对方差有较大的影响，所以此法得到的结果有时仍有较大的误差。

5.7.3.2　演算法

演算法是由于其计算原理类似于河道洪水演进计算而得名。在研究河段上游瞬时集中释放示踪剂，研究河段应在源的下游距离大于 $0.4 \dfrac{uB^2}{E_x}$ 的地方。在河段内间隔适当距离选择 1、2 两个断面观测浓度的时间过程 $C(X_i, t)$ 。在分散方程成立的范围内，可以应用叠加原理，从上游的初始空间分布源推算出下游的空间浓度分布。假定扩散云通过观测断面时的形状不变化，就可以按下式得到等价的浓度的时间过程。

$$C\left(X_i,t\right) \approx C\left(x_0,\overline{t_i}\right) \tag{5-80}$$

$$x - X_i = u\left(t - \overline{t_i}\right) \tag{5-81}$$

由此导出

$$C\left(X_2,t\right) = \int_{-\infty}^{\infty} \frac{uC\left(X_1,\tau\right)}{\sqrt{4\pi\overline{E_x}\left(\overline{t_2}-\overline{t_1}\right)}} \exp\left\{\frac{-\left[u\left(\overline{t_2}-\overline{t_1}-t+\tau\right)^2\right]}{4\overline{E_x}\left(\overline{t_2}-\overline{t_1}\right)}\right\} \mathrm{d}\tau \tag{5-82}$$

式中：$C\left(X_2,t\right)$——断面 2 的浓度时间过程；

　　　$C\left(X_1,\tau\right)$——断面 1 的浓度时间过程；

　　　$\overline{t_2}$，$\overline{t_1}$——扩散云中心通过断面 2、1 的时刻；

　　　u——河道平均流速。

应用式（5-82），若已知上断面 1 的浓度时间过程 $C\left(X_1,\tau\right)$ 及分散系数 $\overline{E_x}$ 就可算出下断面 2 的浓度时间过程 $C\left(X_2,t\right)$。但对研究河段测算分散系数 $\overline{E_x}$ 时，已知的是断面 1、2 的实测浓度，$\overline{E_x}$ 用试算法求得，即对不同的 $\overline{E_x}$，由实测的断面 1 的浓度过程 $C\left(X_1,\tau\right)$ 算出断面 2 的浓度过程 $C\left(X_2,t\right)$。当断面 2 的计算浓度过程 $C\left(X_2,t\right)$ 和实测的浓度过程 $C\left(X_2,t\right)$ 拟合最好时，所采用的这个 $\overline{E_x}$ 即所求的分散系数。

演算法的野外工作量与双断面法相同，但计算工作量大些，若用计算机运算，也很方便。演算法进一步消除了双断面法的缺点，所以成果更为可靠。图 5-8 是费歇尔做的一次计算，示踪剂在 11:08 时刻释放，在释放点下游 2400m 的断面 1

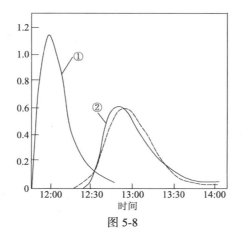

图 5-8

测得浓度过程线①。在下游 4133m 的断面 2 测得浓度过程线②，如图 5-8 中实线所示。用式（5-82）进行演算，当 $\bar{E}_x = 21.4\,\text{m}^3/\text{s}$ 时，断面 2 的实测过程和计算过程拟合最好，计算的浓度过程如虚线所示，所以该研究河段的纵向分散系数为 $21.4\text{m}^3/\text{s}$。顾莉等（2007）在传统演算法基础上结合优化方法，提出了计算精度更高、计算过程更快捷的演算优化法，避免了演算法中烦琐的试算过程。

5.7.3.3　优化类方法

不论是矩变换法还是演算法，它们的准确性受监测数据的误差影响较大。近年来，优化类方法不断地被提出并应用到实际中。它们主要有非线性逼近法、单纯形加速法、相关系数极值法、快速 SA 法、抛物方程近似拟合法等。

1）单纯形加速法

采用瞬时投放示踪剂，断面示踪剂浓度随时间变化由下式拟合：

$$C(x,t) = \frac{M}{\sqrt{4\pi \bar{E}_x t}} \exp\left[-\frac{(x - ut)^2}{4\bar{E}_x t} \right] \qquad (5\text{-}83)$$

式中：$C(x,t)$ ——采样断面处的理论示踪剂浓度；

　　　　M ——单位面积示踪物质投放量；

　　　　x ——投放断面与采样断面的距离；

　　　　u ——示踪实验河段平均纵向流速；

　　　　$\bar{E}_x$ ——示踪实验河段纵向分散系数。

令

$$A = \frac{M}{\sqrt{4\pi \bar{E}_x t}}$$

$$B = \frac{u^2}{4\bar{E}_x}$$

$$T = \frac{x}{u}$$

代入上式得

$$C(x,t) = \frac{A}{\sqrt{t}} \exp\left[-\frac{B(T - t)^2}{t} \right] \qquad (5\text{-}84)$$

寻找最佳的 (A,B,T) ，使目标函数

$$\sum_{i=1}^{m}(C_i-C)^2=\sum_{i=1}^{m}\left\{C_i-\frac{A}{\sqrt{t_i}}\exp\left[-\frac{B(T-t_i)^2}{t_i}\right]\right\}^2$$

最小，从而可以确定纵向分散系数 $\overline{E}_x$ 。

2）相关系数极值法

同上，示踪剂浓度随时间变化拟合式：

$$C(x,t)=\frac{M}{\sqrt{4\pi\overline{E}_xt}}\exp\left[-\frac{(x-ut)^2}{4\overline{E}_xt}\right]\qquad(5\text{-}85)$$

上式两端同乘以 $t^{1/2}$ ，取对数，可得

$$\ln\left(Ct^{1/2}\right)=\ln\left(\frac{M}{A\sqrt{4\pi\overline{E}_x}}\right)-\frac{(x-ut)^2}{4\overline{E}_xt}\qquad(5\text{-}86)$$

令 $Y=\ln\left(Ct^{1/2}\right),X=-\dfrac{(x-ut)^2}{t},a=\ln\left(\dfrac{M}{A\sqrt{4\pi\overline{E}_x}}\right),b=\dfrac{1}{4\overline{E}_x}$ ，则上式可以写成

$Y=a+bX$ 型，将示踪数据代入得 Y-X 直线图，从而可用直线图解法求出参数 b ，最终得到纵向分散系数 $\overline{E}_x$ 。

3）抛物方程近似拟合法

距离投放点 x 处的示踪剂浓度变化表达式：

$$C(x,t)=\frac{M}{\sqrt{4\pi\overline{E}_xt}}\exp\left[-\frac{(x-ut)^2}{4\overline{E}_xt}\right]$$

上式两端同乘以 $t^{1/2}$ ：

$$C'=Ct^{1/2}=\frac{M}{A\sqrt{4\pi\overline{E}_x}}\exp\left[-\frac{(x-ut)^2}{4\overline{E}_xt}\right]$$

当 x 为常数时，C'-t 曲线为一个单峰曲线且 $t_m=x/u$ 时，有 $C'_{\max}=\dfrac{M}{A\sqrt{4\pi\overline{E}_x}}$ ，利用抛物方程近似拟合 C'-t 曲线的峰值部分，在 C'-t 曲线峰值部分取 3 个点 $\left(C'_1,t_1\right)$，$\left(C'_2,t_2\right)$，$\left(C'_3,t_3\right)$，$t_3>t_m$ ，假设抛物线方程 $C'=a_0+a_1t+a_2t^2$ ，可以由

三个选取的点求出 a_0，a_1，a_2，根据抛物线方程性质可得

$$C'_{\max} = a_0 - \frac{a_1^2}{4a_2} = \frac{M}{A\sqrt{4\pi\overline{E_x}}} \tag{5-87}$$

$$t_{\mathrm{m}} = -\frac{a_1}{2a_2} = x/u \tag{5-88}$$

从而可以得到河流断面平均流速

$$u = x/t_{\mathrm{m}}$$

令 $Y = \ln\dfrac{C'}{C'_{\max}}$，$X = \dfrac{(x-ut)^2}{t}$，$b = -\dfrac{1}{4\overline{E_x}}$，则

$$Y = bX$$

利用线性回归法或直线图解法求得 b，从而得到

$$\overline{E_x} = -\frac{1}{4b}$$

5.7.3.4　反问题方法

反问题方法是确定河流纵向分散系数的另一类方法，其基本原理是：如果已知纵向分散系数等参数，利用水质模型求解可以得到污染物浓度空间分布和随时间演化的规律；同样如果已知污染物时空分布信息，也可以通过求解反问题的方法得到河流纵向分散系数，这属于环境水力学反问题中的参数反问题。根据这一原理，依据下游断面的示踪剂浓度数据，可以利用反问题方法确定河流的纵向分散系数。河流水质模型参数反问题的求解方法有优化法、脉冲谱法、正则化法等，最常用的是优化法，又称反演优化法，或优化反演法。

反演优化法是将参数反问题转化为系统优化问题，通过引进代价函数 J 来度量模型结果与观测数据的差异，将原来的参数反演问题转化为求解受动力方程（这里为河流污染物质输运数学模型控制方程组）约束的最小化 J 获取最优参数的过程，最优参数对应的解也就是模型和观测拟合最好的最优解。一般地，J 被定义成二次泛函的形式，这里采用如下形式的 J：

$$J(C,E) = \int_0^T \frac{1}{2}\left\| C - C^* \right\|^2 \mathrm{d}t + \frac{1}{2}\alpha\left\| E - E_0 \right\|^2 \tag{5-89}$$

式中：C^*——对应状态变量（这里指浓度）的观测值；

　　　C——计算值；

　　　E——反演参数；

　　　E_0——参数初始猜测值；

　　　α——权系数；

　　　$\| \cdot \|$——给定空间上的范数。

代价函数第一项为观测项，表示模型计算和观测数据的差异，反映模拟状态和观测的拟合程度；第二项可称为背景项，亦称正则项，该项主要为了改善最优化问题的适定性。当观测数据稀少，最优化问题自由度很高时，可以适当增大 α 值，使最优化的结果尽量不远离给定的初始猜测值；或者给定的初始猜测值有较高的可信度时也可提高相应的权值，其取值依赖问题而定；当观测数据充分且精度较高时，可以相应减小 α 值。

反演优化法进行参数识别的一般步骤如下：

（1）首先引进代价函数，将参数识别问题转化为优化问题（极值问题），确定优化目标和约束条件；

（2）获取实际观测数据及测点位置等信息；

（3）给定纵向分散系数 E 的初值 E_0；

（4）根据当前的 E 利用河流水质正演模型计算测点处的浓度值；

（5）将计算值与观测值进行对比，判断距离（目标泛函）是否满足反演精度的要求；

（6）如不满足，利用优化算法修改 E，使计算值与观测值之间的距离不断减小，转入第（5）步；

（7）如此反复迭代，直到满足要求为止，或者设定最大迭代步数，达到该迭代步数后终止；

（8）输出当前 E 值作为纵向分散系数估计结果。

反问题方法确定纵向分散系数具有自动化程度高、通用性强的优点，并具有较好的稳定性和精度。其不足主要是参数反演值受采样断面布置的合理性、观测数据误差、水质模型误差、反演算法等因素的影响，具体问题应用成功的关键在于观测数据、水质模型和优化算法的选取，对天然河流纵向分散系数反问题方法估计应用研究仍有待深入探讨。

思考题

（1）什么是分散？分散与分子扩散、紊动扩散三者的区别是什么？分散系数的理论式是什么？

（2）假设有一条小型河流，河道断面尺寸变化很小，断面面积 $10m^2$，平均水深 2.5m，河道流量为 $7m^3/s$，河道的分散系数为 $5m^2/s$，如果突然有 8kg 的有毒物质瞬时落入该河流，求：①10min 后的污染物浓度最大值是多少？②15min 后污染物浓度值大于 0.3mg/L 长度是多少？

（3）估算天然河道纵向分散系数的主要方法有哪些？各自的优缺点是什么？

第六章　不规则水域中污染物的混合输运

6.1　污染物质进入受纳水体后的混合过程

工业或城市生活污水通过排放口排入受纳环境水体以后，逐渐与环境水体相混合、稀释并向下游输移扩散。从环境水力学计算的角度来看，以河流为例，自排放连续源开始，向河流下游可以分为三个阶段，各对应于混合过程的不同状态。

第一阶段：自污水出口到污染物的浓度分布在整个水深都适当均匀为止，即垂向混合完成。该段的混合过程，由于所排放污染物不同和排放方式与排放口形式的差异而不同。

当出流的污水具有初始动量（射流）或浮力（热喷流）时，污水将和河水发生掺混作用，河水掺入污水之中，加强了稀释效果，同时使初始动量和浮力的作用减弱，直至消失。这一过程称为初始稀释。出流污水的初始动量和浮力以及出水口的形式决定着稀释率及掺混区的大小，是射流研究的领域，如图 6-1 中的 A 所示。初始稀释终了，污水的流动和河水不再存有区别，污染物质将跟随河水一起运动，遵循随流扩散规律。还有另外一些废水排放口，废水提供的流量、动量或是浮力，对于受纳河流来讲是微不足道的，对于这种情况，排放口实际上可看作集中点源，一开始就进入随流扩散阶段。

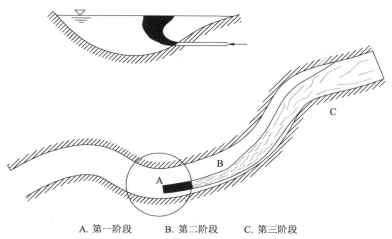

A. 第一阶段　　　B. 第二阶段　　　C. 第三阶段

图 6-1　污水流入河流后混合的三个阶段

　　由于通常河流垂向深度比横宽小很多，废水在垂向上较快地达到均匀混合状态，此时称河流混合的第一阶段完成。在这一阶段，污染物质一般为三维混合，混合过程比较复杂，需要用三维基本方程来描述，人们常称这一阶段为初始段或近区，相对应以后的混合阶段称为远区。

　　对于具有初始动量和浮力的中性污水来说，这一区域的尺度是相当短的。而污水的密度与周围水体比较属较轻或较重的时候，它的区域也可能较大。

　　第二阶段：在垂向混合均匀以后，向下游延伸到很远，直至污染物质浓度在全断面适当均匀为止。河流混合第一阶段完成以后，污染物质的混合作用主要在横向和纵向二维继续，河流平面上显示出一条沿河流淌的污水带，污水带向下游不断展宽。在污水带扩展到河流两岸以后，还要再过一段距离，废水才会在断面内混合均匀，至此河流混合的第二阶段完成。第二阶段的主要特征是污染带在横向展宽，横向浓度均化，因而也称为横向混合阶段。这一阶段的长度与河宽关系很大，大致随河宽的平方增长，可以是几公里到几十公里不等，如图 6-1 中的 B 所示。

　　第三阶段：第二阶段末了就是第三阶段开始，一直向下游延伸到污水浓度可检测到的地方。污染物质在断面上充分混合以后，剪切流的纵向分散继续消除浓度纵向分布的不均匀。这阶段污染物质的混合符合一维纵向分散过程，如图 6-1 中的 C 所示。

　　上面叙述了在一般情况下河流混合过程的三个阶段，但它不是绝对的，要根据污染源和河流的相对状况而定。这里第一阶段要用三维的基本方程来计算；第二阶段需要用垂向平均的二维混合方程来描述；第三阶段则要用一维纵向分散方程来描述。因此下面介绍垂向沿深平均的二维混合方程和一维纵向分散方程的导出。

6.2　二维混合方程

6.2.1　垂向平均二维混合方程

　　在环境规划评价与环境管理中，污染的平面分布是一个十分重要的混合区域，是污染带面积的控制区域，也是环境管理者最为关心的区域。

　　以河流为例，就是废水在河流中混合过程的第二阶段，这不仅因为它的范围较大，对于少数大河，这个区域可达几十公里。我们知道，天然河流的流速场通常是三维的，但是求解三维扩散方程十分困难。而河流的垂向混合总是首先完成，一般情况下距离也较短，随后污水带随流及横向扩展成为河流混合的主要特征。因此人们往往采用一种变通的办法，不纠缠于复杂的第一阶段，而主要重点研究垂向平均浓度在平面上的变化规律，也就是研究河流中的二维混合问题。特别对于大江大河，二维混合是经常发生、普遍存在的现象。例如长江，从两岸排入江中的污水,不会马上达到全断面混合,总是形成一条污水带。同样在其他较大面积水域湖泊、近海等也是类似情况,因此环境保护部门衡量排放污染物对受纳水体的影响,是以混合区域的概念,即控制污染带的范围与面积为主,因此研究平面二维混合范围有着十分重要的现实意义。

所谓二维混合,是假定河流中的污染物在垂向上均匀分布,污染物的混合只在横向和纵向进行。下面对二维混合方程进行导出,二维混合方程导出过程由三维扩散方程取垂向积分平均而得。

先对三维连续方程

$$\frac{\partial u}{\partial x} + \frac{\partial v}{\partial y} + \frac{\partial w}{\partial z} = 0 \qquad (6\text{-}1)$$

沿当地水深 h 取垂向平均,得

$$\frac{1}{h}\int_0^h \frac{\partial u}{\partial x}\mathrm{d}z + \frac{1}{h}\int_0^h \frac{\partial v}{\partial y}\mathrm{d}z + \frac{1}{h}\int_0^h \frac{\partial w}{\partial z}\mathrm{d}z = 0$$

近似有

$$\frac{1}{h}\frac{\partial}{\partial x}\int_0^h u\mathrm{d}z + \frac{1}{h}\frac{\partial}{\partial y}\int_0^h v\mathrm{d}z + \frac{1}{h} w\,|_0^h = 0$$

令

$$\bar{u} = \frac{1}{h}\int_0^h u\mathrm{d}z\;;\qquad \bar{v} = \frac{1}{h}\int_0^h v\mathrm{d}z$$

用加上短横来表示垂向平均,则有

$$\frac{\partial}{\partial x}(h\bar{u}) + \frac{\partial}{\partial y}(h\bar{v}) + w\,|_0^h = 0 \qquad (6\text{-}2)$$

此式即是垂向平均的连续方程。其中 $w\,|_0^h$ 根据河底和水面的边界条件来确定,一般认为河底没有水流通过,即

$$w\,|_0 = 0 \qquad (6\text{-}3)$$

而水面的 $w\,|^h$ 应满足自由水面的条件,可以理解为水深的变化率,即

$$w\,|^h = \frac{\partial h}{\partial t} \qquad (6\text{-}4)$$

式（6-2）改写为

$$\frac{\partial h}{\partial t} + \frac{\partial}{\partial x}(h\bar{u}) + \frac{\partial}{\partial y}(h\bar{v}) = 0 \tag{6-5}$$

若令 $q_x = h\bar{u}$，$q_y = h\bar{v}$，则得

$$\frac{\partial h}{\partial t} + \frac{\partial q_x}{\partial x} + \frac{\partial q_y}{\partial y} = 0 \tag{6-6}$$

再对三维扩散方程沿当地水深 h 取垂向平均。三维扩散方程为

$$\frac{\partial C}{\partial t} + u\frac{\partial C}{\partial x} + v\frac{\partial C}{\partial y} + w\frac{\partial C}{\partial z} = \frac{\partial}{\partial x}\left(E_x\frac{\partial C}{\partial x}\right) + \frac{\partial}{\partial y}\left(E_y\frac{\partial C}{\partial y}\right) + \frac{\partial}{\partial z}\left(E_z\frac{\partial C}{\partial z}\right) + r$$

定义：$\bar{C} = \dfrac{1}{h}\displaystyle\int_0^h C\mathrm{d}z$，并分项求垂向平均，有

$$\overline{\frac{\partial C}{\partial t}} + \overline{u\frac{\partial C}{\partial x}} + \overline{v\frac{\partial C}{\partial y}} + \overline{w\frac{\partial C}{\partial z}} = \overline{\frac{\partial}{\partial x}\left(E_x\frac{\partial C}{\partial x}\right)} + \overline{\frac{\partial}{\partial y}\left(E_y\frac{\partial C}{\partial y}\right)} + \overline{\frac{\partial}{\partial z}\left(E_z\frac{\partial C}{\partial z}\right)} + \bar{r} \tag{6-7}$$

各分项为

$$\overline{\frac{\partial C}{\partial t}} = \frac{1}{h}\int_0^h \frac{\partial C}{\partial t}\mathrm{d}z = \frac{1}{h}\cdot\frac{\partial}{\partial t}\int_0^h C\mathrm{d}z = \frac{1}{h}\frac{\partial(h\bar{C})}{\partial t} \tag{6-8}$$

$$\overline{u\frac{\partial C}{\partial x}} = \frac{1}{h}\int_0^h u\frac{\partial C}{\partial x}\mathrm{d}z = \frac{1}{h}\int_0^h\left[\frac{\partial(uC)}{\partial x} - C\frac{\partial u}{\partial x}\right]\mathrm{d}z = \frac{1}{h}\frac{\partial}{\partial x}\left(h\cdot\overline{uC}\right) - \frac{1}{h}\int_0^h C\frac{\partial u}{\partial x}\mathrm{d}z \tag{6-9}$$

式中：$\overline{uC} = \dfrac{1}{h}\displaystyle\int_0^h uC\mathrm{d}z$。

同样可求得

$$\overline{v\frac{\partial C}{\partial y}} = \frac{1}{h}\frac{\partial}{\partial y}\left(h\cdot\overline{vC}\right) - \frac{1}{h}\int_0^h C\frac{\partial v}{\partial y}\mathrm{d}z \tag{6-10}$$

$$\overline{w\frac{\partial C}{\partial z}} = \frac{1}{h}(wC)\Big|_0^h - \frac{1}{h}\int_0^h C\frac{\partial w}{\partial z}\mathrm{d}z \tag{6-11}$$

式中：$\overline{vC} = \dfrac{1}{h}\displaystyle\int_0^h vC\mathrm{d}z$。

$$\overline{\frac{\partial}{\partial x}\left(E_x\frac{\partial C}{\partial x}\right)}=\frac{1}{h}\int_0^h\frac{\partial}{\partial x}\left(E_x\frac{\partial C}{\partial x}\right)\mathrm{d}z=\frac{1}{h}\frac{\partial}{\partial x}\int_0^h\left(E_x\frac{\partial C}{\partial x}\right)\mathrm{d}z=\frac{1}{h}\frac{\partial}{\partial x}\left(h\cdot\overline{E_x\frac{\partial C}{\partial x}}\right) \quad (6\text{-}12)$$

式中：$\overline{E_x\dfrac{\partial C}{\partial x}}=\dfrac{1}{h}\displaystyle\int_0^h\left(E_x\frac{\partial C}{\partial x}\right)\mathrm{d}z$。

$$\overline{\frac{\partial}{\partial y}\left(E_y\frac{\partial C}{\partial y}\right)}=\frac{1}{h}\int_0^h\frac{\partial}{\partial y}\left(E_y\frac{\partial C}{\partial y}\right)\mathrm{d}z=\frac{1}{h}\frac{\partial}{\partial y}\left(h\cdot\overline{E_y\frac{\partial C}{\partial y}}\right) \quad (6\text{-}13)$$

$$\overline{\frac{\partial}{\partial z}\left(E_z\frac{\partial C}{\partial z}\right)}=\frac{1}{h}\int_0^h\frac{\partial}{\partial z}\left(E_z\frac{\partial C}{\partial z}\right)\mathrm{d}z=\frac{1}{h}\left(E_z\frac{\partial C}{\partial z}\right)\Bigg|_0^h \quad (6\text{-}14)$$

式中：$\overline{E_y\dfrac{\partial C}{\partial y}}=\dfrac{1}{h}\displaystyle\int_0^h\left(E_y\frac{\partial C}{\partial y}\right)\mathrm{d}z$。

将式（6-8）～式（6-14）代入方程式（6-7）整理以后得

$$\frac{1}{h}\left[\left(\frac{\partial}{\partial t}h\overline{C}\right)+\frac{\partial}{\partial x}\left(h\cdot\overline{uC}\right)+\frac{\partial}{\partial y}\left(h\cdot\overline{vC}\right)\right]+\frac{1}{h}\left(wC\right)\Big|_0^h$$

$$-\frac{1}{h}\int_0^h C\left(\frac{\partial u}{\partial x}+\frac{\partial v}{\partial y}+\frac{\partial w}{\partial z}\right)\mathrm{d}z$$

$$=\frac{1}{h}\left[\frac{\partial}{\partial x}\left(h\cdot\overline{E_x\frac{\partial C}{\partial x}}\right)+\frac{\partial}{\partial y}\left(h\cdot\overline{E_y\frac{\partial C}{\partial y}}\right)\right]+\frac{1}{h}\left(E_z\frac{\partial C}{\partial z}\right)\Big|_0^h+\overline{r} \quad (6\text{-}15)$$

利用连续方程

$$\frac{\partial u}{\partial x}+\frac{\partial v}{\partial y}+\frac{\partial w}{\partial z}=0$$

同时，一般可以认为污染物质既不从水面也不从水底进入和逸出，即

$$E_z\frac{\partial C}{\partial z}\Big|_0=E_z\frac{\partial C}{\partial z}\Big|^h=0 \quad (6\text{-}16)$$

则式（6-15）可简化为

$$\frac{\partial}{\partial t}\left(h\overline{C}\right)+\frac{\partial}{\partial x}\left(h\cdot\overline{uC}\right)+\frac{\partial}{\partial y}\left(h\cdot\overline{vC}\right)+\left(wC\right)\Big|_0^h$$

$$=\frac{\partial}{\partial x}\left(h\cdot\overline{E_x\frac{\partial C}{\partial x}}\right)+\frac{\partial}{\partial y}\left(h\cdot\overline{E_y\frac{\partial C}{\partial y}}\right)+h\overline{r} \quad (6\text{-}17)$$

设 $\hat{u}$ ，$\hat{v}$ ，$\hat{C}$ 是垂向上点流速和浓度相对于垂向平均值的偏离，并有

$$\bar{u}=\frac{1}{h}\int_0^h \hat{u}\mathrm{d}z=0; \quad \bar{v}=\frac{1}{h}\int_0^h \hat{v}\mathrm{d}z=0; \quad \bar{\hat{C}}=\frac{1}{h}\int_0^h \hat{C}\mathrm{d}z=0$$

则

$$\overline{uC}=\overline{(\bar{u}+\hat{u})(\bar{C}+\hat{C})}=\bar{u}\bar{C}+\overline{\hat{u}\hat{C}}$$

$$\overline{vC}=\overline{(\bar{v}+\hat{v})(\bar{C}+\hat{C})}=\bar{v}\bar{C}+\overline{\hat{v}\hat{C}}$$

由于污染物在垂向已充分混合，沿垂线的点浓度偏离 $\hat{C}$ 也远小于垂向平均浓度 $\bar{C}$，则 $\overline{\hat{u}\hat{C}}$ 和 $\overline{\hat{v}\hat{C}}$ 可采用分散的概念，表达为

$$\overline{\hat{u}\hat{C}}=-K_x\frac{\partial\bar{C}}{\partial x}, \quad \overline{\hat{v}\hat{C}}=-K_y\frac{\partial\bar{C}}{\partial y}$$

式中：K_x 和 K_y 分别为垂向平均污染物在纵向和横向的分散系数。所以

$$\overline{uC}=\bar{u}\bar{C}-K_x\frac{\partial\bar{C}}{\partial x} \tag{6-18}$$

$$\overline{vC}=\bar{v}\bar{C}-K_y\frac{\partial\bar{C}}{\partial y} \tag{6-19}$$

另外

$$\overline{E_x\frac{\partial C}{\partial x}}=\overline{(\bar{E}_x+\hat{E}_x)\frac{\partial(\bar{C}+\hat{C})}{\partial x}}=\bar{E}_x\frac{\partial\bar{C}}{\partial x}+\overline{\hat{E}_x\frac{\partial\hat{C}}{\partial x}}$$

$$\overline{E_y\frac{\partial C}{\partial y}}=\bar{E}_y\frac{\partial\bar{C}}{\partial y}+\overline{\hat{E}_y\frac{\partial\hat{C}}{\partial y}}$$

式中：$\bar{E}_x$、$\bar{E}_y$——垂向平均纵向、横向紊动扩散系数；

$\hat{E}_x$、$\hat{E}_y$——沿垂线点紊动扩散系数相对于垂向平均值的偏差。

假设 $\hat{E}_x\frac{\partial\hat{C}}{\partial x}$ 及 $\hat{E}_y\frac{\partial\hat{C}}{\partial y}$ 可以忽略，则

$$\overline{E_x\frac{\partial C}{\partial x}}\approx\bar{E}_x\frac{\partial\bar{C}}{\partial x} \tag{6-20}$$

$$\overline{E_y \frac{\partial C}{\partial y}} \approx \overline{E}_y \frac{\partial \overline{C}}{\partial y} \qquad (6\text{-}21)$$

式（6-20）及式（6-21）表示紊动扩散通量的平均值近似等于紊动扩散系数的平均值和平均浓度的梯度的乘积。

将式（6-18）～式（6-21）代入式（6-17）并整理得

$$\frac{\partial h\overline{C}}{\partial t} + \frac{\partial}{\partial x}\left(h\overline{u}\ \overline{C}\right) + \frac{\partial}{\partial y}\left(h\overline{v}\ \overline{C}\right) + \left(wC\right)\Big|_0^h$$

$$= \frac{\partial}{\partial x}\left(h\overline{E}_x \frac{\partial \overline{C}}{\partial x} + hK_x \frac{\partial \overline{C}}{\partial x}\right) + \frac{\partial}{\partial y}\left(h\overline{E}_y \frac{\partial \overline{C}}{\partial y} + hK_y \frac{\partial \overline{C}}{\partial y}\right) + h\overline{r} \qquad (6\text{-}22)$$

令

$$M_x = \overline{E}_x + K_x \qquad (6\text{-}23)$$

$$M_y = \overline{E}_y + K_y \qquad (6\text{-}24)$$

称 M_x 为垂向平均纵向混合系数，M_y 为垂向平均横向混合系数。

式（6-22）写成

$$\frac{\partial h\overline{C}}{\partial t} + \frac{\partial}{\partial x}\left(h\overline{u}\ \overline{C}\right) + \frac{\partial}{\partial y}\left(h\overline{v}\ \overline{C}\right) + \left(wC\right)\Big|_0^h$$

$$= \frac{\partial}{\partial x}\left(hM_x \frac{\partial \overline{C}}{\partial x}\right) + \frac{\partial}{\partial y}\left(hM_y \frac{\partial \overline{C}}{\partial y}\right) + h\overline{r} \qquad (6\text{-}25)$$

再展开整理得

$$\frac{\partial h\overline{C}}{\partial t} + h\overline{u}\frac{\partial \overline{C}}{\partial x} + h\overline{v}\frac{\partial \overline{C}}{\partial y} + \overline{C}\left(\frac{\partial h\overline{u}}{\partial x} + \frac{\partial h\overline{v}}{\partial y}\right) + \left(wC\right)\Big|_0^h$$

$$= \frac{\partial}{\partial x}\left(hM_x \frac{\partial \overline{C}}{\partial x}\right) + \frac{\partial}{\partial y}\left(hM_y \frac{\partial \overline{C}}{\partial y}\right) + h\overline{r} \qquad (6\text{-}26)$$

引用式（6-2）：

$$w\Big|_0^h = -\frac{\partial}{\partial x}\left(h\overline{u}\right) - \frac{\partial}{\partial y}\left(h\overline{v}\right) \qquad (6\text{-}27)$$

因为

$$w|_0 = 0$$

若近似认为

$$(wC)|^h \approx \overline{C} \cdot w|^h \qquad （6-28）$$

式（6-26）可简化为

$$\frac{\partial h\overline{C}}{\partial t} + h\overline{u}\frac{\partial \overline{C}}{\partial x} + h\overline{v}\frac{\partial \overline{C}}{\partial y}$$

$$= \frac{\partial}{\partial x}\left(hM_x\frac{\partial \overline{C}}{\partial x}\right) + \frac{\partial}{\partial y}\left(hM_y\frac{\partial \overline{C}}{\partial y}\right) + h\overline{r} \qquad （6-29）$$

若 h 不随时间变化，则可以进一步简化为

$$\frac{\partial \overline{C}}{\partial t} + \overline{u}\frac{\partial \overline{C}}{\partial x} + \overline{v}\frac{\partial \overline{C}}{\partial y} = \frac{1}{h}\left[\frac{\partial}{\partial x}\left(hM_x\frac{\partial \overline{C}}{\partial x}\right) + \frac{\partial}{\partial y}\left(hM_y\frac{\partial \overline{C}}{\partial y}\right)\right] + \overline{r} \qquad （6-30）$$

式（6-29）就是直角坐标系下的二维混合方程。

该方程式（6-29）在许多实际情况应用时，仍可以进一步加以简化，但是式中 M_x、M_y 已代表的是混合系数了。

为了说明混合过程垂向平均化的意义。我们从式（6-23）、式（6-24）出发，并将式（6-20）、式（6-21）代入，得

$$M_x\frac{\partial \overline{C}}{\partial x} = \overline{E}_x\frac{\partial \overline{C}}{\partial x} + K_x\frac{\partial \overline{C}}{\partial x} \approx \overline{E_x\frac{\partial \overline{C}}{\partial x}} + K_x\frac{\partial \overline{C}}{\partial x} \qquad （6-31）$$

$$M_y\frac{\partial \overline{C}}{\partial y} \approx \overline{E_y\frac{\partial \overline{C}}{\partial y}} + K_y\frac{\partial \overline{C}}{\partial y} \qquad （6-32）$$

式（6-31）与式（6-32）表示：纵向混合通量等于纵向分散通量和纵向扩散通量平均值之和；横向混合通量等于横向分散通量和横向扩散通量平均值之和。也就是说，沿垂向平均化以后，混合过程就是平均扩散过程和分散过程的综合。垂向平均混合系数是紊动扩散系数的垂向平均值与垂向分散系数之和。

还应注意到，二维混合方程成立必须满足下列条件：

（1）$E_z\frac{\partial C}{\partial z}\Big|_0^h = 0$，污染物既不从水面也不从河底逸出。

（2）$\widehat{C} \ll \overline{C}$，污染物在垂向已充分混合。

（3）$\overline{\hat{E}_x \dfrac{\partial \widehat{C}}{\partial x}}$ 和 $\overline{\hat{E}_y \dfrac{\partial \widehat{C}}{\partial y}}$ 可以忽略，只考虑平均紊动扩散系数的效应。

（4）近似认为 $(wC)\big|^h = \overline{C} \cdot w\big|^h$。

6.2.2 累积流量形式的二维稳态混合方程

天然河流通常是非均匀的，断面沿程有变化，垂向平均流速在断面内的分布也不均匀，求解二维混合方程非常复杂。Yotsukura 和 Cobb（1972）、Yotsukura 和 Sayre（1976）提出用"累积流量"代替笛卡儿横坐标的方法使扩散方程得以简化。

以新墨西哥州 Atrisco Feeder Canal 顺直河段为例，图 6-2 是在河段上游河流中间施放稳态点源观测的结果，图的左半边是以传统的方法绘制的，以深度平均浓度 C 为纵坐标，以相对横坐标 y/B 为横坐标，y 是以断面内从一岸算起的横距离，B 是河宽；右半边以相对累积流量 q_c/Q_R 为横坐标，q_c 是自一岸算起的累积流量，Q_R 是全河流量。q_c 在起始岸边为零，至另一岸边为 Q_R，所以 q_c/Q_R 从 0 到 1。

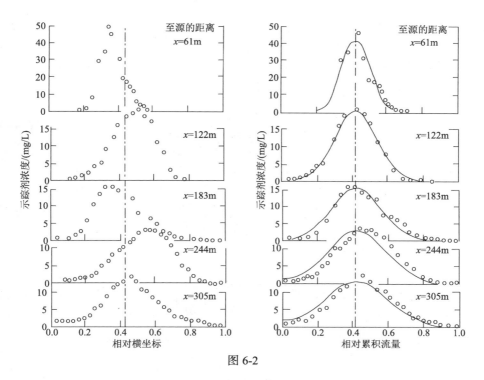

图 6-2

我们注意到左半图的浓度分布曲线的趋势向着这一边或另一边扭曲，可是图右半边以相对累积流量为横坐标的图形却十分对称，类似于均匀环境中单纯扩散过程的高斯分布曲线，显然分布曲线扭曲的首要原因是水流在河流横向上不均匀分布。

其次，如果水流恒定，扩散质投放率也固定，并且扩散质是守恒物质的情况下，其总质量的输送率对于任意横断面必定是常数且等于扩散质的投放量 M，也就是无论水深和流速在横向怎样变化，下面等式成立：

$$\int_0^{Q_R} C\mathrm{d}q = M$$

我们注意到图 6-2 右半图各断面浓度分布曲线下的面积是相等的，而左半边则不具备相等的特性，没有反映出质量守恒。

下面从二维混合方程出发，写出累积流量形式的二维稳态混合方程，当河道是顺直的，横向流速分量很小；水流及守恒的扩散质的投放率都是恒定的；混合达到稳定态时，又考虑到纵向混合项相对于随流输移项也是小量，这样二维混合方程（6-29）可以写成

$$h\bar{u}\frac{\partial \overline{C}}{\partial x} = \frac{\partial}{\partial y}\left(hM_y\frac{\partial \overline{C}}{\partial y}\right) \tag{6-33}$$

将原坐标系 $\begin{cases} x \\ y \end{cases}$ 改换为新坐标系：

$$\begin{cases} x \\ P(y) = \dfrac{q_c}{Q_R} = \dfrac{1}{Q_R}\displaystyle\int_0^y h\bar{u}\mathrm{d}y \end{cases} \tag{6-34}$$

按复合函数微分法

$$\frac{\partial}{\partial y} = \frac{\partial}{\partial x}\frac{\partial x}{\partial y} + \frac{\partial}{\partial p}\frac{\partial p}{\partial y} = \frac{h\bar{u}}{Q_R}\frac{\partial}{\partial p} \tag{6-35}$$

将式（6-35）代入式（6-33）得

$$\frac{\partial \overline{C}}{\partial x} = \frac{\partial}{\partial p}\left(\frac{h^2\bar{u}M_y}{Q_R^{\,2}}\frac{\partial \overline{C}}{\partial p}\right) \tag{6-36}$$

式（6-36）与式（6-33）等价。

令

$$N_x = \frac{h^2\bar{u}M_y}{Q_R^{\,2}} \tag{6-37}$$

称 N_x 为横向扩散因数。天然河流的 h，u，M_y 沿横向有变化，所以 N_x 各点有不同的数值。

然而 Yotsukura 和 Cobb 发现，在顺直河段求解 $\overline{C}$ 时，对于 N_x 值在 P 向的变化和不同分布不是很敏感，因而规定在总流量不变时采用平均值：

$$\overline{N}_x = \int_0^1 \frac{h^2 \overline{u} M_y}{Q_R^2} \mathrm{d}P \qquad （6\text{-}38）$$

这是一种经验性的处理，对于许多天然河流，只求一种近似解时，将 N_x 处理成一个常数扩散因子是可行的，于是导出了类同于经典菲克扩散方程的等式：

$$\frac{\partial \overline{u}}{\partial x} = \overline{N}_x \frac{\partial^2 \overline{u}}{\partial P^2} \qquad （6\text{-}39）$$

此式在简单边界条件下的分析解在第三章中已有介绍，如不计及扩散质从河床的反射，C 对 P 是高斯分布。现在可以明白为什么野外实验资料绘制的 $C\text{-}P$ 分布十分接近高斯分布了。

为了得到相对累积流量 $P(y)$ 与扩散因数 $\overline{N}_x$，都必须知道河道垂向平均流速及水深在横向的分布。这两组数值最好由实测得到。当只有河道的水深资料而没有流速资料时，只好采用各种间接办法估算出流量值。Yotsukura 和 Sayre 近似假定：

$$\int_0^1 h^2 \overline{u} \mathrm{d}P = H^2 U \qquad （6\text{-}40）$$

式中：U——断面平均流速；

　　　H——断面平均水深。

$$\overline{N}_x = \frac{H^2 U M_y}{Q_R^2} \qquad （6\text{-}41）$$

采用曼宁公式：

$$Q_R = \frac{1}{n} B H^{1.67} \cdot I^{0.5} \qquad （6\text{-}42）$$

式中：B——河宽；

　　　I——水力坡度。

　　又令

$$M_y = \alpha_y u_* H \qquad （6\text{-}43）$$

将式（6-42）、式（6-43）代入式（6-41）得

$$\bar{N}_x = \frac{\alpha_y n g^{\frac{1}{2}} H^{\frac{5}{6}}}{B^2} \qquad (6\text{-}44)$$

令单宽流量表示为

$$q = \frac{1}{n} h^{1.67} I^{0.5} \qquad (6\text{-}45)$$

所以

$$P(y) = \frac{q_c}{Q_R} = \int_0^y \frac{q}{Q_R} \mathrm{d}y \qquad (6\text{-}46)$$

将式（6-42）与式（6-45）代入式（6-46）并假定 $\frac{1}{n}I^{0.5}$ 全断面不变，则 $P(y)$ 可表示为

$$P(y) = \int_0^y \left(\frac{h}{H}\right)^{1.67} \cdot \frac{1}{B} \mathrm{d}y \qquad (6\text{-}47)$$

6.3　一维污染物输运方程

　　天然河道情况下，河流也可以简化为一维，一维河流的水流运动方程称为圣维南方程，本节简要推导用于描述天然一维非恒定河道中的污染物输运的方程。

　　推导仍然从质量守恒出发，如图 6-3 所示。

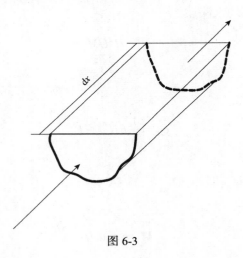

图 6-3

设天然河道的某一非常小的河段，长度为 dx，断面面积为 $A(x)$，流量为 Q，C 为污染物浓度。则在一非常短的时间 dt 内，在上、下游两个断面因随流运动进出该微小河段污染物的量为

上游（左边）进入：$QC\mathrm{d}t$；

下游（右边）流出：$\left[QC + \dfrac{\partial(QC)}{\partial x}\mathrm{d}x\right]\mathrm{d}t$。

由于综合扩散（主要为分散作用）进出河段的污染物量分别为

上游（左边）：$-AK\dfrac{\partial C}{\partial x}\mathrm{d}t$（注意，由于物质从高浓度向低浓度扩散，故公式带有负号）；

下游（右边）：$\left[-AK\dfrac{\partial C}{\partial x} + \dfrac{\partial}{\partial x}\left(-AK\dfrac{\partial C}{\partial x}\right)\mathrm{d}x\right]\mathrm{d}t$

式中：K——纵向分散系数。

在 dt 时间内，在微段控制体内由于生物、化学等各种变化，扩散质的增生量为

$$r \cdot A\mathrm{d}x\mathrm{d}t$$

在 dt 时间内，在微小河段内的物质的质量变化应为

$$\frac{\partial(VC)}{\partial t}\mathrm{d}t = \frac{\partial(A\mathrm{d}xC)}{\partial t}\mathrm{d}t = \frac{\partial(AC)}{\partial t}\mathrm{d}x\mathrm{d}t \qquad （6\text{-}48）$$

式中：V——该微小河段的体积。

根据质量守恒定律，在 dt 时间内微小河段内污染物质量的变化，为进入河段的污染物质量减去离开河段的污染物质量，即

$$\frac{\partial(AC)}{\partial t}\mathrm{d}x\mathrm{d}t = \left[QC - QC - \frac{\partial(QC)}{\partial x}\mathrm{d}x\right]\mathrm{d}t + \left[-AK\frac{\partial C}{\partial x} + AK\frac{\partial C}{\partial x}\right.$$
$$\left. - \frac{\partial}{\partial x}\left(-AK\frac{\partial C}{\partial x}\right)\mathrm{d}x\right]\mathrm{d}t + rA\mathrm{d}x\mathrm{d}t \qquad （6\text{-}49）$$

所以

$$\frac{\partial(AC)}{\partial t}\mathrm{d}x\mathrm{d}t = -\frac{\partial(QC)}{\partial x}\mathrm{d}x\mathrm{d}t + \frac{\partial}{\partial x}\left(AK\frac{\partial C}{\partial x}\right)\mathrm{d}x\mathrm{d}t + rA\mathrm{d}x\mathrm{d}t \qquad （6\text{-}50）$$

进而有

$$\frac{\partial(AC)}{\partial t} + \frac{\partial(QC)}{\partial x} = \frac{\partial}{\partial x}\left(AK\frac{\partial C}{\partial x}\right) + Ar \qquad （6\text{-}51）$$

思考题

（1）简述污染物质进入河流后的三个混合阶段，其中主要特征是什么？

（2）天然河道情况下垂向平均沿深二维污染物混合输运方程是什么？

（3）一维河道污染物混合输运方程是什么？

第七章　水质模型简介

通过第六章二维和一维污染物输运方程的导出，再加上第二章的三维方程，为水质模型的建立奠定了基础。水质模型是通过深入研究水体中不同种类污染物相互作用规律，并将这种规律转化为数学表达的关于水质体系的数学模型，构建水质模型的目的是模拟污染物浓度在环境中的时空变化过程。

地表水水质模型是近十几年来研究比较广泛且较深入的课题，并比较成功地运用于河流、湖泊、近海以及流域的水质规划、评价和管理中。水质模型不仅可用于估计在稳态条件下，即水质和水量不随时间变化条件下的水质变化规律，同时还可用于估计动态条件或随时间而改变时的水质状况。本章首先介绍主要污染物在水体中的生化过程及水质模型的发展历程，最后简单介绍几种现代常用的水质数值模型。

7.1　污染物在水体中的生化过程

污染物进入水体后，在水体中发生包括物理、化学和生物过程，这主要与污染物性质、环境因素和排放方式等因素有关。其中物理过程主要表现在随流运动、扩散和分散等（前几章已述）；化学过程主要表现于物质由于化学反应在水体中的变化规律；生物过程则是在微生物的作用下而产生的变化过程。

7.1.1　化学过程动力学

污染物一旦进入水体，通过沉淀-溶解、氧化-还原、化学反应、吸附-解吸等一系列物理化学作用进行迁移转化。在溶液中发生的物理化学反应可用化学过程动力学描述，例如在一个均相体系，反应 $A + B \longrightarrow P$，该方程的反应速度可写成

$$d[P] / dt = k[A]^v[B]^w \tag{7-1}$$

式中：k——反应速率常数；

[P]——生成物瞬时浓度；

[A]和[B]——反应物瞬时浓度。

图 7-1 表示了该反应过程的动力曲线，曲线的形状依赖于反应级数。

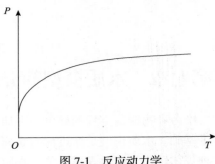

图 7-1　反应动力学

（1）零级反应：零级反应的反应速率与反应浓度无关，当方程中的指数 v 和 w 为零时，反应物浓度变化速率可用下列方程表示：

$$-\mathrm{d}[A]/\mathrm{d}t = -\mathrm{d}[B]/\mathrm{d}t = \mathrm{d}[P]/\mathrm{d}t = k \qquad （7\text{-}2）$$

（2）一级反应：一级反应速率与反应物浓度的一次方成正比，其速率常数可用下列方程表示：

$$-\mathrm{d}[A]/\mathrm{d}t = k[A] \qquad （7\text{-}3）$$

方程的解为

$$[A] = [A_0]\exp(-kt) \qquad （7\text{-}4）$$

式中：$[A_0]$——初始时刻的浓度；

　　　$[A]$——时刻 t 时的浓度。

（3）二级反应：典型的二级反应式有两种形式。

（a）$A + B \longrightarrow P$，其中 A 和 B 的浓度都影响其反应速率：

$$-\mathrm{d}[A]/\mathrm{d}t = k[A][B] = \mathrm{d}[P]/\mathrm{d}t \qquad （7\text{-}5）$$

在这个方程中 v 和 w 均为 1。

（b）$A + A \longrightarrow P$，则

$$-\mathrm{d}[A]/\mathrm{d}t = k[A]^2 = \mathrm{d}[P]/\mathrm{d}t \qquad （7\text{-}6）$$

式中：$v=2$；$w=0$。其反应速率与 A 浓度的平方成正比。

（4）复杂反应：一般有三种复杂反应。

（a）连续反应：$A \longrightarrow B \longrightarrow C$（两个以上的连续反应）；

（b）可逆反应：$A \longrightarrow B \Longleftrightarrow P$；

（c）平行反应：

$$A+B \longrightarrow P \qquad A+C \longrightarrow Q（两个反应是同时发生的）。$$

复杂反应的完全速率测定必须用每一步反应的不同动力学方程来完成。

对于连续反应 $A \xrightarrow{k_1} B \xrightarrow{k_2} C$，假设是一级反应，则

$$-\frac{dA}{dt} = k_1[A] \tag{7-7}$$

$$-\frac{d[B]}{dt} = k_2[B] - k_1[A] \tag{7-8}$$

$$\frac{d[C]}{dt} = k_2[B] \tag{7-9}$$

当时间 $t=0$ 时，初始时刻 A、B、C 的浓度分别为$[A_0]$、$[B_0]$、$[C_0]$，上述方程积分后得到：

$$[A] = [A_0]e^{-k_1 t} \tag{7-10}$$

$$[B] = [A_0]\left(\frac{k}{k_2 - k_1}e^{-k_1 t} - e^{-k_2 t}\right) + [B_0]e^{-k_2 t} \tag{7-11}$$

$$[C] = [A_0]\left(1 - \frac{k_2 e^{-k_1 t} - k_1 e^{-k_2 t}}{k_2 - k_1}\right) + [B_0](1 - e^{-k_2 t}) + [C_0] \tag{7-12}$$

对于可逆反应，其过程为一级反应时 $A \underset{k_{-1}}{\overset{k_{+1}}{\longleftrightarrow}} B$，则速率表达式包括两步：

$$\frac{d[B]}{dt} = -\frac{d[A]}{dt} = k_{+1}[A] + k_{-1}[B] \tag{7-13}$$

达到平衡时

$$\frac{d[B]}{dt} = \frac{d[A]}{dt} = 0 \tag{7-14}$$

$$\frac{[A]}{[B]} = \frac{k_{+1}}{k_{-1}} = K（平衡常数） \tag{7-15}$$

对于平行反应，在反应中存在着竞争关系，是比较复杂的；反应物的浓度和温度都会影响反应的选择性。对于 A 的反应速率，一般主要取决于两个反应中起主要反应作用的速率。

（5）温度影响：通常反应速率随温度的上升而加快。可采用阿伦尼乌斯

（Arrhenius）方程描述这种影响：

$$\frac{\mathrm{d}(\ln k)}{\mathrm{d}T} = \frac{E}{RT^2} \tag{7-16}$$

式中：E——活化能；

　　　R——普适气体常数；

　　　T——热力学温度。

从 T_0 到 T 积分后有

$$\ln\left(\frac{k}{k_0}\right) = \frac{E(T - T_0)}{RTT_0} \tag{7-17}$$

式中：k、k_0——温度 T 和 T_0 时的反应速度常数。

当水体产生较小的温度变化，$-E/(RTT_0)$ 可以近似地取为常数。

$$k = k_0 \mathrm{e}^{C_k(T-T_0)} \tag{7-18}$$

式中：C_k——温度特征。通常有如下的经验式：

$$k = k_0 \theta^{(T-T_0)} \tag{7-19}$$

式中：θ——温度系数，根据试验结合文献资料确定。

7.1.2　有机污水生化反应动力学

1）碳化方程

在水环境中，有机物在好氧条件下，好氧性细菌对碳水化合物氧化分解，使有机物产生生化降解过程。反应式可写成

$$10C_aH_bO_c + (5a + 2.5b - 5c)O_2 + aNH_3 \longrightarrow aC_5H_7NO_2 + 5aCO_2 - (2a - 5b)H_2O$$

反应速度按一级动力学公式描述，即反应速度与剩余有机物的浓度成正比

$$\frac{\mathrm{d}L}{\mathrm{d}t} = -K_1 L \tag{7-20}$$

积分得

$$L(t) = L_0 \exp(-K_1 t) \tag{7-21}$$

降解的有机物浓度可表示为

$$Y = L_0 \left[1 - \exp(-K_1 t) \right] \tag{7-22}$$

式中：L_0——有机物的初始浓度；

　　　$L(t)$——t 时刻实际有机物浓度；

　　　Y——t 时刻降解的有机物浓度；

　　　K_1——有机物氧化降解系数。

当有机物浓度较低时，反应速度也可按二级动力学公式描述

$$\frac{\mathrm{d}L}{\mathrm{d}t} = -K_1' L^2 \tag{7-23}$$

积分得

$$L = L_0 / (1 + L_0 K_1' t) \tag{7-24}$$

降解的有机物浓度可表示为

$$Y = K_1' t / (1 + L_0 K_1' t) \tag{7-25}$$

式中：K_1'——有机物二级氧化降解系数。

2）硝化方程

在水中，氨氮和亚硝酸盐氮在亚硝化菌和硝化菌作用下，被氧化成硝酸盐氮的过程，称为硝化反应。其生物化学反应方程式

$$2NH_4^+ + 3O_2 \xrightarrow{\text{亚硝化菌}} 2NO_2^- + 4H^+ + 2H_2O$$

$$2NO_2^- + O_2 \xrightarrow{\text{硝化菌}} 2NO_3^-$$

对于由氨氮转化成亚硝酸盐氮的反应，其动力学方程可以写成如下的形式：

$$-E_m \frac{\mathrm{d}[NH_4^+]}{\mathrm{d}t} = \frac{\mathrm{d}C_m}{\mathrm{d}t} \tag{7-26}$$

$$\frac{\mathrm{d}C_m}{\mathrm{d}t} = k_m C_m \frac{[NH_4^+]}{k_s' + [NH_4^+]} \tag{7-27}$$

式中：C_m——亚硝化菌的浓度；

　　　$[NH_4^+]$——氨氮的浓度；

　　　k_m——亚硝化菌的最大一级生长速度常数；

　　　k_s'——对应于亚硝化过程的半饱和速度常数，其物理意义是，在反应系统中，细菌的生长速度等于最大生长速度的一半时，系统中氨氮的浓度；

E_m——亚硝化菌的产量系数。

由上式可见，氨氮转化成亚硝酸盐氮的反应速度不仅与氨氮浓度有关，而且与亚硝化菌的量有密切的关联，因此可建立氨氮转化模型

$$\frac{\mathrm{d}[\mathrm{NH}_4^+]}{\mathrm{d}t} = -K_{Nm}\frac{[\mathrm{NH}_4^+]C_m}{k_s' + [\mathrm{NH}_4^+]}$$

若 NH_4^+ 浓度远小于 k_s'，则上式可简化为一级动力学

$$\frac{\mathrm{d}[\mathrm{NH}_4^+]}{\mathrm{d}t} = -K_{N1}[\mathrm{NH}_4^+]$$

对于由亚硝酸盐氮转化成硝酸盐氮的过程，其反应动力学方程是

$$-\frac{\mathrm{d}[\mathrm{NO}_2^-]}{\mathrm{d}t} = \frac{\mathrm{d}C_B}{E_B\mathrm{d}t} - f\frac{\mathrm{d}[\mathrm{NH}_4^+]}{\mathrm{d}t} \qquad (7\text{-}28)$$

$$\frac{\mathrm{d}C_B}{\mathrm{d}t} = k_B C_B \frac{[\mathrm{NO}_2^-]}{k_s' + [\mathrm{NO}_2^-]} \qquad (7\text{-}29)$$

式中：C_B——硝化菌的浓度；

　　　$[\mathrm{NO}_2^-]$——亚硝酸盐氮的浓度；

　　　k_B——硝化菌的最大一级生长速度常数；

　　　k_s'——对应于硝化过程的半饱和速度常数；

　　　E_B——硝化菌的产量系数；

　　　f——氧化单位质量的氨氮所产生的亚硝酸盐氮的质量；

　　　$[\mathrm{NH}_4^+]$——氨氮的浓度。

亚硝酸盐氮转化成硝酸盐氮的反应速度与硝化菌的量和被氧化的基质质量成正比，因此亚硝酸盐氮转化模型为

$$\frac{\mathrm{d}[\mathrm{NO}_2^-]}{\mathrm{d}t} = K_{N1}[\mathrm{NH}_4^+] - K_{N2}[\mathrm{NO}_2^-] \qquad (7\text{-}30)$$

在氮的转化过程中，亚硝酸盐氮是一个短暂的中间过程。因此在一般天然水体中，亚硝酸盐氮的浓度低于氨氮和硝酸盐氮的浓度。

3）厌氧方程

当水体中有机物（主要指耗氧有机物）含量超过一定限度时，溶解氧无法满足耗氧需求，水体便处于厌氧状态。这时有机物开始腐败，并有气泡冒出水面（主要是 CH_4、H_2S、H_2 等气体），散发难闻的气味。在这种条件下，引起激烈的酸性

发酵，其 pH 在短时间内降低到 5.0~6.0 的范围。在这个发酵阶段，首先是碳水化合物被分解，然后是蛋白质被分解，有机酸和含氮的有机化合物开始分解，并生成氨、胺、碳酸盐及少量的碳酸气、甲烷、氢、氮等气体。与此同时，还产生硫化氢。

如果用 $C_nH_aO_b$ 表示厌氧可分解的有机污染物，反应方程的一般形式为

$$C_nH_aO_b + \left(n - \frac{a}{4} - \frac{b}{2}\right)H_2O \longrightarrow \left(\frac{n}{2} - \frac{a}{8} + \frac{b}{4}\right)CO_2 + \left(\frac{n}{2} + \frac{a}{8} - \frac{b}{4}\right)CH_4$$

反应动力学方程为

$$\frac{dX}{dt} = \frac{yKXS}{K_s + S} - bX \tag{7-31}$$

式中：X——厌氧菌的浓度；

$\dfrac{dX}{dt}$——厌氧菌的生长速度；

y——产量系数；

S——有机物浓度；

K——有机物减少的最大速度；

K_S——厌氧过程中厌氧菌最大生长速度一半时有机物的浓度；

b——厌氧菌的死亡速度常数。

7.1.3　微生物生长动力学

微生物生长动力学过程要比化学反应过程更复杂。幸运的是，微生物的重要种类——细菌能用简单的方法来描述，这些适合修正的动力学也可以用于描述藻类的生长。对藻类，其基本关系是基质浓度和生长速率。图 7-2 和下列方程用于这种关系的描述。

$$\mu = \mu_{max}\left(\frac{S}{S + K_S}\right) \tag{7-32}$$

式中：μ——生长速率；

μ_{max}——最大生长速率；

S——基质浓度；

K_S——基质的半饱和常数。

另一种假设是，微生物生长和基质利用之间有如下的简单关系：

$$\frac{\mathrm{d}X}{\mathrm{d}t} = -Y\frac{\mathrm{d}S}{\mathrm{d}t} \qquad (7\text{-}33)$$

式中：Y——生长的细菌量/利用的基质量。

对藻类，生长速率和营养物浓度之间有着同样的关系，即氮、磷等无机营养物浓度。

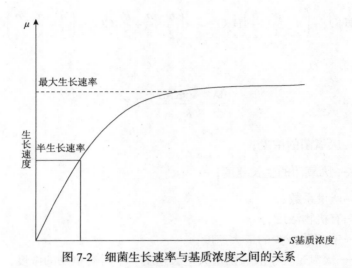

图 7-2　细菌生长速率与基质浓度之间的关系

控制生长的基本过程是光合作用和呼吸作用之间的平衡，呼吸作用是生物量的函数：

$$\frac{\mathrm{d}R}{\mathrm{d}t} = RA \qquad (7\text{-}34)$$

式中：R——呼吸速率；

A——藻类浓度。

光合作用速率也与随时间和深度变化的光强有关，与光的关系一般用光合作用的最大速率 P_{max} 来描述：

$$\frac{\mathrm{d}P}{\mathrm{d}t} = P_{max}\frac{I}{I_{opt}}\exp\left(1 - \frac{I}{I_{opt}}\right) \qquad (7\text{-}35)$$

式中：I——光强；

I_{opt}——相应于 P_{max} 的光强。

速率随水体浊度变化时，光强以指数方式随深度减少：

$$I(z+h) = I(z)\exp(-Kh) \tag{7-36}$$

式中：$I(z+h)$——深度 $z+h$ 时的光强；

　　　$I(z)$——深度 z 时的光强。

7.1.4 其他过程

当化学物质，特别是有机物，进入水体环境后，在水体环境条件下可能经历许多其他变化过程，我们不可能将这些过程完全列出，但下面的讨论有助于了解普遍性的问题。

1）吸附与解吸过程

水中溶解的污染物或胶状物，当与悬浮于水中的泥沙等固相物质接触时，会被吸附在泥沙表面，并在适宜的条件下随泥沙一起沉入水底，使水的污染物浓度降低，起到净化作用。另外，河床和河岸也可能有吸附作用。与之相反，被吸附的污染物，当水流条件（如浓度、流速、pH、温度等）改变时，也可能从吸附界面上重新脱附一部分又进入水中，使水的污染物浓度增加。前者称吸附，后者称解吸。

吸附与解吸过程是一种复杂的物理化学过程，目前常用以下公式来描述这种作用。一是朗缪尔（Langmuir）吸附等温式：

$$S = \frac{S_m dC}{1 + dC} \tag{7-37}$$

式中：S——吸附达到平衡时泥沙等的吸附浓度，等于泥沙吸附的污染物量除以泥沙质量，常以 μg/g 计，一般认为在很短的时间内即可达到吸附平衡；

　　　S_m——在一定温度下吸附平衡时泥沙的最大吸附浓度，μg/g；

　　　C——吸附平衡时水体的污染物浓度，常以 μg/L 计；

　　　d——与吸附能有关的常数，通过拟合实验资料确定。

再是弗罗因德利希（Freundlich）吸附等温式：

$$S = kC^{1/n} \tag{7-38}$$

式中：k、n——经验常数，与水温、污染物性质等因素有关，通过实验资料确定。例如湘江某断面，水温 10℃时泥沙对汞的吸附等温式的 k=36.0、n=1.84。式（7-38）中 n=1 时，S 与 C 呈线性关系，即亨利（Henry）吸附等温式：

$$S = kC \tag{7-39}$$

吸附等温式确定后，则可进一步导出泥沙对水体污染物的吸附速率动力学方程。例如金相灿（1992）由弗罗因德利希等温式推导得出如下的吸附速率方程：

$$\frac{\mathrm{d}S}{\mathrm{d}t} = k_1 \xi^{-b} C / W - k_2 \xi^b S \qquad (7\text{-}40)$$

式中：S——t 时刻吸附态污染物浓度，$\mu g/g$；

$\quad\quad\xi$——量纲为一的 S 值，数值上与 S 相等；

$\quad\quad C$——t 时刻溶解态污染物浓度，$\mu g/L$；

$\quad\quad W$——水的含沙量，g/L；

$\quad\quad b$——与活化能有关的指数；

$\quad\quad k_1$、k_2——吸附、解吸速率系数，s^{-1}。

下面是较常看到的又一种吸附速率方程：

$$\frac{\mathrm{d}S}{\mathrm{d}t} = k_1 C (S_m - S) - k_2 S \qquad (7\text{-}41)$$

该式考虑了泥沙剩余吸附能力（$S_m - S$）的影响。

2）挥发过程

在气液界面，物质交换的另外一种重要过程是挥发。对于许多物质，挥发作用是一个重要的过程。当溶质的化学势降低之后，会发生溶质从液相向气相的挥发过程。在单位面积上出现的挥发速度 $N[\mathrm{mol}/(\mathrm{m}^2/\mathrm{s})]$ 通常假设与分压差 ΔP（大气压）成正比。即

$$N = K \Delta P / RT \qquad (7\text{-}42)$$

式中：K——质量传递系数，与液体的扰动状况有关，在天然水中，K 与风速有关；

$\quad\quad R$——气体常数；

$\quad\quad T$——热力学温度。

假设挥发速度遵守一级动力学过程，则

$$C = C_0 \exp(-K_L t / z) \qquad (7\text{-}43)$$

式中：C_0——污染物在液体中的初始浓度；

$\quad\quad K_L$——污染物在液体中的传递系数；

$\quad\quad t$——时间；

$\quad\quad z$——液体厚度。

3）水解过程

水解反应是指污染物与水的反应，化学物质的水解主要与 pH 有关，许多化学品在酸碱环境下具有较大的水解速率，水解速率可用下式来估算：

$$\frac{\mathrm{d}C}{\mathrm{d}t} = -C(K_{ac}[\mathrm{H}^+] + K_{alk}[\mathrm{OH}^-] + K_N) = -K_n C \qquad (7\text{-}44)$$

式中：K_{ac}、K_{alk} 和 K_N——酸、碱和中性水解时速率常数；

　　K_n——水解二级速率常数。

在任一固定 pH 下，上述所有速率过程，都可以看作准一级动力学过程，其半衰期与反应物浓度无关。

4）光解过程

许多化学物质在水体中于波长大约 290nm 处具有光解作用，该过程可以描述为

$$\frac{\mathrm{d}C}{\mathrm{d}t} = -K_p \theta C \qquad (7\text{-}45)$$

式中：K_p——光解速率系数；

　　θ——总产率。

光解系数与光强、深度和浊度有关，浊度的影响因素主要是颜色和悬浮固体。

7.2　水质模型的发展历程

水质模型就是用于计算模拟污染物浓度在环境中的时空变化过程的模型。地表水水质模型的研究和发展已经有了不短的历史，并在发展过程中形成了功能各异的水质模型及软件。纵观水质模型的发展过程，按照模型关注的焦点不同，可以将其分为三个阶段。

第一阶段，20 世纪中期至 20 世纪 70 年代初，这一阶段的水质模型特点是仅仅研究水体水质本身。在这一阶段发展的水质模型只包括水体自身各水质组分的相互作用；其他的底泥、边界等作用都是作为单纯的外部输入条件进入模型。在研究的水污染物种类方面，则以水体中的溶解氧为核心，主要包括 BOD、COD 等耗氧物质以及保守物质；较少考虑其他类型的物质以及水生动植物的影响。在关注的污染源类型方面，这一阶段的模型主要关注点源污染，面源污染被处理为水体污染物的背景负荷或本底浓度。此外，这一阶段主要是一维稳态模型，基本上不考虑复杂的水动力条件对污染物质分布的影响。

最早的水质模型是 Streeter、Phelps 在 1925 年提出的河流 BOD-DO 模型。这一模型同时考虑了水中 BOD 的氧化过程以及水体中发生的复氧过程。在 20 世纪五六十年代，O'Connor 及 Dobbins 发展了这一理论，提出了计算复氧系数的方程，并将 DO 模型扩展到了河口。这一阶段代表性的水质模型还包括美国国家环境保护局（EPA）推出的 QUAL-I、QUAL-II 模型。

第二阶段，20 世纪 70 年代中期至 80 年代中期，这一阶段中水质模型在理论和应用上都迅速发展。在这一阶段，水质模型初步与水动力模型相耦合形成了一

些多箱式模型,可以简单地考察水动力因素对水体中污染物分布的影响;水质模型中不再只考虑水体本身,而是包括了底泥、陆地土壤等不同介质变化对水质的影响;考虑的水质状态变量的数目和复杂性也大大增加,包括重金属、有毒物质、营养物以及细菌等;其中氮、磷等营养物还被细分成不同的状态和形态,以仔细地考虑它们不同的转化机理和过程。在污染源类型方面,面源污染在这一阶段受到了关注,发展出了各种流域水质模型,并有了一些将流域水质模型与传统水质模型相连接的尝试。此外,这一阶段还在水质模型中包括了一些水生植物的影响。这一阶段代表性的水质模型和软件包括 WASP、HSPF 等。

第三阶段,20 世纪 90 年代至今,这一阶段的水质模型已经与复杂的水动力模型相耦合,可以较为完善地考虑河流、海洋、湖泊、水库以及河口等不同水动力特征区域水动力对水环境因素的影响。在污染源方面,很多水质模型和软件能够考虑大气沉降等因素对水体水质的影响。在变量方面,这一阶段的水质模型不但将原有的重金属、有毒物质、营养物、耗氧物质等相互关联,形成了一个错综复杂的网络关系;而且进一步细化了不同物质形态。这些水质模型还与生态模型、食物链模型等相结合,可以计算水质与水生生物、生态环境之间的相互影响。各种新的方法和技术如随机数学、模糊数学、地理信息系统等也在这一时期与水质模型结合。因此,可以更好完成对水质的不确定性分析和预测,为水环境管理等工作提供支持。这一阶段的代表性模型和软件有很多,常见的有 WASP7、MIKE;美国陆军工程兵团开发的 CE-QUAL-ICM 以及基于这模型开发的 EFDC、DELFT3D 等。

上面提到的模型复杂程度各不相同,最简单的 BOD-DO 模型只涉及两个变量,在边界比较简单的情况下可以直接求出解析解;复杂的模型如 CE-QUAL-ICM 涉及几十个变量,无法求出解析解,只能进行数值求解。需要注意的是,对于一个具体的问题,并不是越复杂的模型越好。一方面,复杂的模型需要大量不同变量的数据,一般情况下很难得到所有的数据;而且复杂的模型也意味着有几十甚至几百个参数需要率定,其中一两个参数的错误设定就有可能给结果带来相当大的误差,这就为模型的率定和验证工作带来很大的困难。另一方面,在具体问题中往往并不需要关注所有污染物不同形态的详细结果,不加考虑地使用复杂的模型会造成数据和时间的浪费。正确的做法应该是针对具体问题,选择合适的模型。

7.3　经典的水质模型

7.3.1　Streeter-Phelps 模型的基本形式

Streeter-Phelps 模型是美国两位工程师 Streeter 和 Phelps 最早建立的 BOD-DO

模型。因为建模中抓住了影响 BOD、DO 变化的最主要的因素，所以在水质模拟预测中获得比较好的效果，至今仍在许多国家被广泛应用。

7.3.1.1　基本方程

在稳态条件下，一维河流水质模型的基本方程是

$$u\frac{\partial C}{\partial x} = E\frac{\partial^2 C}{\partial x^2} + S \tag{7-46}$$

Streeter 和 Phelps 对式（7-46）提出以下假定：

（1）对于 BOD，只考虑有好氧微生物参与的 BOD 降解反应，并认为该反应是符合一级反应动力学

$$\frac{\mathrm{d}L}{\mathrm{d}t} = -K_1 L \tag{7-47}$$

式中：L——t 时刻水中存在的 BOD 浓度，mg/L；

　　K_1——BOD 的降解系数，d^{-1}。

（2）对于水体中的溶解氧 DO，引起耗氧的原因是含碳有机物在 BOD 反应中的细菌分解。

（3）水体中，复氧速率与水中的氧亏成正比，$D_c = O_s - O$。根据上述假设，一维的稳态 BOD、DO 水质模型可用下列两个方程来表示：

$$\begin{cases} u\dfrac{\partial L}{\partial x} = E\dfrac{\partial^2 L}{\partial x^2} - K_1 L \\ u\dfrac{\partial O}{\partial x} = E\dfrac{\partial^2 O}{\partial x^2} - K_1 L + K_2(O_s - O) \end{cases} \tag{7-48}$$

式中：L、O——分别表示 BOD、DO 浓度，mg/L；

　　E——纵向分散系数，m^2/s；

　　K_1、K_2——耗氧速率和复氧速率，d^{-1}；

　　O_s——水体中溶解氧的饱和浓度，它与温度 T 有关，mg/L。

可采用下列公式来估算水中溶解氧的饱和浓度：

$$O_s(T) = 14.652 - 0.4102T + 0.007999T^2 - 0.0000777T^3 \tag{7-49}$$

当横断面流速变化不大时，河流中的分散系数可忽略，因此，方程（7-48）可写成常微分方程组：

$$\begin{cases} u\dfrac{\partial L}{\partial x} = -K_1 L \\[2mm] u\dfrac{\partial O}{\partial x} = -K_1 L + K_2(O_s - O) \\[2mm] \text{或}\quad u\dfrac{\partial D_c}{\partial x} = K_1 L - K_2 D_c \end{cases} \quad (7\text{-}50)$$

7.3.1.2　Streeter-Phelps 方程的基本解

1）有纵向分散存在时的稳态解

Streeter-Phelps 方程是一组常微分方程组，假设一条河流是很长的，BOD 污染源位于河段的始端 $x=0$ 处，当初始条件为 $L(0)=L_0$、$L(\infty)=0$、$O(0)=O_0$、$O(\infty)=O_s$ 时，沿 x 积分，该方程组的解为

$$\begin{cases} L = L_0 \mathrm{e}^{\frac{ux}{2E}\left(1-\sqrt{1+4EK_1/u^2}\right)} = L_0 \mathrm{e}^{\beta_1 x} \\[3mm] O = O_s - (O_s - O_0)\mathrm{e}^{\frac{ux}{2E}\left(1-\sqrt{1+4DK_2/u^2}\right)} \\[3mm] \qquad + \dfrac{K_1 L_0}{K_1 - K_2}\left[\mathrm{e}^{\frac{ux}{2E}\left(1-\sqrt{1+4DK_1/u^2}\right)} - \mathrm{e}^{\frac{ux}{2E}\left(1-\sqrt{1+4DK_2/u^2}\right)} \right] \\[3mm] \quad = O_s - (O_s - O_0)\mathrm{e}^{\beta_2 x} + \dfrac{K_1 L_0}{K_1 - K_2}(\mathrm{e}^{\beta_1 x} - \mathrm{e}^{\beta_2 x}) \end{cases} \quad (7\text{-}51)$$

式中：$\beta_1 = \dfrac{u}{2E}\left(1 - \sqrt{1 + 4EK_1/u^2}\right)$；$\beta_2 = \dfrac{u}{2E}\left(1 - \sqrt{1 + 4EK_2/u^2}\right)$。

2）无纵向分散存在时的稳态解

我们假定其初始条件与 1）相同，则 BOD 和 DO 方程的解分别是

$$\begin{cases} L = L_0 \mathrm{e}^{-K_1 \frac{x}{u}} \\[3mm] O = O_s - (O_s - O_0)\mathrm{e}^{-K_2 \frac{x}{u}} + \dfrac{K_1 L_0}{K_1 - K_2}(\mathrm{e}^{-K_1 \frac{x}{u}} - \mathrm{e}^{-K_2 \frac{x}{u}}) \\[3mm] \text{或}\, D_c = D_0 \mathrm{e}^{-K_2 \frac{x}{u}} + \dfrac{K_1 L_0}{K_2 - K_1}(\mathrm{e}^{-K_1 \frac{x}{u}} - \mathrm{e}^{-K_2 \frac{x}{u}}) \end{cases} \quad (7\text{-}52)$$

3）临界氧亏、临界氧亏距离和时间

Streeter-Phelps 模型是描述污染物进入河流水体之后，耗氧过程和大气复氧过程这两者的平衡状态。溶解氧在河水中的沿程变化为一条下垂曲线，如图 7-3 所示。溶解氧浓度有一个最低值，称为极限溶解氧 C_{Cm}。出现 C_{Cm} 的距离称为极限距离 x_c。

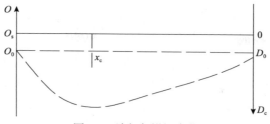

图 7-3　溶解氧沿河变化

对式（7-52）中的 x 求导，令 $\dfrac{\mathrm{d}O}{\mathrm{d}x}=0$，即可求得临界氧亏 D_{Cm} 和临界氧亏距离 x_{c}。

极限距离：

$$x_{\mathrm{c}} = \frac{u}{K_2 - K_1} \ln\left\{\frac{K_2}{K_1}\left[1 - \frac{(O_{\mathrm{s}} - O_0)(K_2 - K_1)}{L_0 K_1}\right]\right\} \qquad (7\text{-}53)$$

极限溶解氧：

$$\begin{cases} C_{\mathrm{Cm}} = O_{\mathrm{s}} - \dfrac{K_1 L_0}{K_2} \exp\left(-\dfrac{K_1 x_{\mathrm{c}}}{u}\right) \\[3mm] D_{\mathrm{Cm}} = \dfrac{K_1 L_0}{K_2} \exp\left(-\dfrac{K_1 x_{\mathrm{c}}}{u}\right) \end{cases} \qquad (7\text{-}54)$$

式中：D_{Cm}——极限氧亏；

　　　C_{Cm}——极限溶解氧；

　　　其他符号意义同前。

对氧亏模式（7-53）t 求导 $\left(t = \dfrac{x}{u}\right)$，令 $\dfrac{\mathrm{d}D}{\mathrm{d}t}=0$，即可求得临界氧亏的时间 t_{c}。

$$t_{\mathrm{c}} = \frac{1}{K_1(F-1)} \ln\left\{F\left[1 - (F-1)\frac{O_{\mathrm{s}} - O_0}{L_0}\right]\right\} \qquad (7\text{-}55)$$

式中：$F = \dfrac{K_2}{K_1}$。

【例 7-1】　某一均匀河段，河水平均流速 $u = 17.5$ km/d，水温 21℃，起始断面河水 BOD$_5$ 和 DO 分别为 $L_0 = 25$ mg/L，$C_0 = 8.5$mg/L，$K_1 = 0.3$ d^{-1}，$K_2 = 0.4$ d^{-1}，求极限溶解氧浓度和极限距离。

解：水温 21℃ 的 $C_{\mathrm{s}} = 9.0$ mg/L

$$x_{\mathrm{c}} = \frac{17.5}{0.4 - 0.3} \ln\left\{\frac{0.4}{0.3}\left[1 - \frac{(9.0 - 8.5) \times (0.4 - 0.3)}{25 \times 0.3}\right]\right\} = 49.2 \text{km}$$

$$C_{\mathrm{Cm}} = 9.0 - \frac{0.3 \times 25}{0.4} \exp\left(-0.3 \times \frac{49.2}{17.5}\right) = 0.93 \mathrm{mg/L}$$

　　另外不少学者对 Streeter-Phelps 方程进行了修正和补充,比如增加考虑河流沿程有地表径流和旁侧污水入流,污染物的沉降与河底沉积物的释放,吸附与解吸,水体中藻类光合作用和呼吸作用等,进而提出了一系列的修正式。下节介绍主要的几种形式。

7.3.2　Streeter-Phelps 模型的改进

7.3.2.1　Thomas 修正式

1）基本方程

　　我们知道,Streeter-Phelps 模型的假设之一是耗氧速率与 BOD 降解速率是相等的,然而,在一定条件下,这一假设有不足之处。例如,由于沉淀作用,河流的 BOD 降解速率可能比耗氧速率大,或者由于沉积物再悬浮作用,BOD 降解速率可能小于耗氧速率。因而,对 BOD 降解 Thomas 提出了以下方程来修正这一不足:

$$\begin{cases} \dfrac{\partial L}{\partial t} + u\dfrac{\partial L}{\partial x} = E\dfrac{\partial^2 L}{\partial x^2} - (K_1 + K_3)L \\[3mm] \dfrac{\partial O}{\partial t} + u\dfrac{\partial O}{\partial x} = E\dfrac{\partial^2 O}{\partial x^2} - K_1 L + K_2(O_s - O) \end{cases} \quad (7\text{-}56)$$

在稳态条件下, $\dfrac{\partial L}{\partial t} \to 0$, $\dfrac{\partial O}{\partial t} \to 0$, 忽略分散项, 则

$$\begin{cases} u\dfrac{\partial L}{\partial x} = -(K_1 + K_3)L \\[3mm] u\dfrac{\partial O}{\partial x} = -K_1 L + K_2(O_s - O) \end{cases} \quad (7\text{-}57)$$

式中, K_3 是一个新的系数,它弥补了由其他因素的影响,如沉淀悬浮、吸附以及再悬浮等过程而引起的 BOD 变化,其值可大于零,亦可小于零。值得注意的是,在这里,耗氧速率仍是 K_1。

2）Thomas 修正式的基本解

　　基本方程的解为:在 $L(x=0)=L_0$, $O(x=0)=O_0$, 边界无限的条件下,对式（7-57）中 x 积分,得该模型的解,或者用氧亏来描述氧的变化

$$
\begin{cases}
L = L_0 e^{-(K_1+K_3)\frac{x}{u}} \\[2mm]
O = O_s - (O_s - O_0)e^{-K_2\frac{x}{u}} + \dfrac{K_1 L_0}{K_1 + K_3 - K_2}(e^{-(K_1+K_3)\frac{x}{u}} - e^{-K_2\frac{x}{u}}) \\[2mm]
\text{或} D_c = D_0 e^{-K_2\frac{x}{u}} - \dfrac{K_1 L_0}{K_1 + K_3 - K_2}(e^{-(K_1+K_3)\frac{x}{u}} - e^{-K_2\frac{x}{u}})
\end{cases}
\quad （7\text{-}58）
$$

【**例 7-2**】　某河段流量 $Q=2160000\text{m}^3/\text{d}$，流速 46km/d，水温 13.6℃，$K_1 = 0.94\text{d}^{-1}$，$K_2 = 1.82\ \text{d}^{-1}$，$K_3 = -0.17\ \text{d}^{-1}$，起始断面有一排污口，排放的废水 100000 m^3/d，废水中含 BOD 浓度 500mg/L，溶解氧为 0 mg/L。上游河水 BOD_5 为 0mg/L，溶解氧为 8.95 mg/L。求排污口下游 6km 处河水的 BOD_5 和 DO。

解：起始断面河水的 BOD_5 和 DO 为

$$
L_0 = \frac{2160000 \times 0 + 100000 \times 500}{2160000 + 100000} = 22.124\text{mg}/\text{L}
$$

$$
C_0 = \frac{2160000 \times 8.95 + 100000 \times 0}{2160000 + 100000} = 8.554\text{mg}/\text{L}
$$

13.6℃时，饱和溶解氧 $C_s = 10.354\text{mg}/\text{L}$

$$
D_0 = 10.354 - 8.554 = 1.8\text{mg}/\text{L}
$$

6km 处河水的 BOD_5 和 DO 为

$$
L = 22.124\exp\left(-\frac{0.94 - 0.17}{46} \times 6\right) = 20.01\text{mg}/\text{L}
$$

$$
\begin{aligned}
D = &\, 1.8\exp\left(-\frac{1.82 \times 6}{46}\right) - \frac{0.94 \times 22.124}{0.94 - 0.17 - 1.82} \\
&\times \left[\exp\left(-\frac{0.94 - 0.17}{46} \times 6\right) - \exp\left(-\frac{1.82 \times 6}{46}\right)\right] = 3.714\text{mg}/\text{L}
\end{aligned}
$$

7.3.2.2　Dobbins-Camp 修正式

1）基本方程

进入河流的 BOD 不仅仅来自点源，亦可以通过面源和局部径流而进入水体。为了考虑这些污染来源 $S_L(x, t)$，Dobbins 和 Camp 提出了下列方程来描述河流的 BOD 和 DO。

$$
\frac{\partial L}{\partial t} + u\frac{\partial L}{\partial x} = E\frac{\partial^2 L}{\partial x^2} - (K_1 + K_3)L + \frac{S_L}{A}
\quad （7\text{-}59）
$$

新加入的项 S_L/A 用于描述其他影响 BOD 的所有因素。迄今，DO 方程中亦考虑了藻类的呼吸作用和光合作用，Camp 和 Dobbins 引入了一项 P–R 来反映光合作用和呼吸的影响。假定 P–R 是一常数，则 DO 方程变为

$$\frac{\partial O}{\partial t}+u\frac{\partial O}{\partial x}=E\frac{\partial^2 O}{\partial x^2}-K_1L+K_2(O_s-O)+(P-R) \quad （7\text{-}60）$$

在稳态条件下，忽略分散项时方程为

$$\begin{cases} u\dfrac{\partial L}{\partial x}=-(K_1+K_3)L+\dfrac{S_L}{A} \\[2mm] u\dfrac{\partial O}{\partial x}=-K_1L+K_2(O_s-O)+(P-R) \end{cases} \quad （7\text{-}61）$$

式中：L——BOD 浓度；

　　　K_1——耗氧系数；

　　　K_2——复氧系数；

　　　K_3——沉降系数；

　　　P——单位水体中藻类光合作用产氧率；

　　　R——单位水体中藻类呼吸作用耗氧率；

　　　S_L——污染源强。

2）Dobbins-Camp 模型的基本解

当 L（x=0）=L_0，O（x=0）=O_0 时，对方程中 x 积分得

$$\begin{cases} L=L_0F_1+\left[\dfrac{S_L}{A}\Big/(K_1+K_3)\right](1-F_1) \\[3mm] \quad =O_s-(O_s-O)F_2+\dfrac{K_1}{K_1+K_3-K_2}\left[L_0-\dfrac{S_L}{A(K_1+K_3)}\right](F_1-F_2) \\[3mm] \quad -\left[\dfrac{P-R}{K_2}+\dfrac{K_1S_L}{A\cdot K_2(K_1+K_3)}\right](1-F_2) \\[3mm] \text{或}D_c=D_0F_2-\dfrac{K_1}{K_1+K_3-K_2}\left[L_0-\dfrac{S_L}{A(K_1+K_3)}\right](F_1-F_2) \\[3mm] \quad +\left[\dfrac{P-R}{K_2}+\dfrac{K_1S_L}{A\cdot K_2(K_1+K_3)}\right](1-F_2) \end{cases} \quad （7\text{-}62）$$

式中：$F_1=\mathrm{e}^{-(K_1+K_3)\frac{x}{u}}$；$F_2=\mathrm{e}^{-K_2\frac{x}{u}}$。

如果 P=0、R=0、S_L=0，则方程（7-62）变成 Thomas 修正式的解。

如果 P=0、R=0、S_L=0、K_3=0，则变成 Streeter-Phelps 基本方程的解。

7.3.2.3　O'Connor 修正式

1）基本方程

O'Connor 假定总的 BOD 是由含碳 BOD 和含氮 BOD 两项组成，即 BOD= CBOD+ NBOD 或 $L=L_C+L_N$。根据 O'Connor 的假设，Thomas 修正式可写成（稳态条件）

$$\begin{cases} u\dfrac{\partial L_C}{\partial x} = -(K_1+K_3)L_C + \dfrac{S_{LC}}{A} \\[2mm] u\dfrac{\partial L_N}{\partial x} = -K_N L_N + \dfrac{S_{LN}}{A} \\[2mm] u\dfrac{\partial O}{\partial x} = -K_1 L_C - K_N L_N + K_2(O_s - O) + (P-R) \end{cases} \tag{7-63}$$

式中：L_C、L_N——CBOD、NBOD 浓度；

K_1、K_N——CBOD、NBOD 氧化速率，d^{-1}；

S_{LC}、S_{LN}——CBOD、NBOD 源强。

设 $P=0$、$R=0$、$S_{LC}=0$、$S_{LN}=0$，则方程变为

$$\begin{cases} u\dfrac{\partial L_C}{\partial x} = -(K_1+K_3)L_C \\[2mm] u\dfrac{\partial L_N}{\partial x} = -K_N L_N \\[2mm] u\dfrac{\partial O}{\partial x} = -K_1 L_C - K_N L_N + K_2(O_s - O) \end{cases} \tag{7-64}$$

2）O'Connor 修正式解析解

取 $L_C(x=0)=L_{C0}$，$O(x=0)=O_0$，$L_N(x=0)=L_{N0}$ 时，对方程组沿 x 积分得解为

$$\begin{cases} L_C = L_{C0}e^{-(K_1+K_3)\frac{x}{u}} \\[2mm] L_N = L_{N0}e^{-K_N\frac{x}{u}} \\[2mm] O = O_s - (O_s-O_0)e^{-K_2\frac{x}{u}} + \dfrac{K_1 L_{C0}}{K_1+K_3-K_2}(e^{-(K_1+K_3)\frac{x}{u}} - e^{-K_2\frac{x}{u}}) \\[2mm] \quad + \dfrac{K_N L_{N0}}{K_N-K_2}(e^{-K_N\frac{x}{u}} - e^{-K_2\frac{x}{u}}) \\[2mm] \text{或}\, D_C = D_0 e^{-K_2\frac{x}{u}} - \dfrac{K_1 L_{C0}}{K_1+K_3-K_2}(e^{-(K_1+K_3)\frac{x}{u}} - e^{-K_2\frac{x}{u}}) \\[2mm] \quad - \dfrac{K_N L_{N0}}{K_N-K_2}(e^{-K_N\frac{x}{u}} - e^{-K_2\frac{x}{u}}) \end{cases} \tag{7-65}$$

【例 7-3】　某河段长 48km，设有 5 个断面，各断面的特征数据见表 7-1。起始断面河水 $L_{C0} = 0.305\,\text{mg/L}$，$L_{N0} = 0.1\,\text{mg/L}$，$C_0 = 7.92\,\text{mg/L}$，水温 28℃，在断面 2 和 4 有污水排入，污水量为 q，污水特征数据见表 7-1。求各断面的 CBOD、NBOD 和溶解氧亏 D_C。

表 7-1　五个断面的特征数据表

断面	A/m^2	$Q/(\text{m}^3/\text{s})$	$q/(\text{m}^3/\text{s})$	x/km	K_1/d^{-1}	K_2/d^{-1}	K_3/d^{-1}	K_N/d^{-1}	$L_{CW}/(\text{mg/L})$	$L_{NW}/(\text{mg/L})$	$D_W/(\text{mg/L})$
1	19.5	3.8	0	0	0.95	3.89	0.2	0.05			
2	19.5	3.8	1.14	3.2	0.95	3.17	0	0.2	100	15	8
3	37.2	4.94	0	6.4	0.95	2.30	0	0.15			
4	37.2	4.94	0.84	8.0	0.95	5.69	0	1.25	150	50	8
5	37.2	5.78	0	48.0	0.95	4.02	0	0			

解：计算特征数据各河段平均值，结果见表 7-2。

表 7-2　计算特征数据各河段平均值表

河段	$u/(\text{km/d})$	$\Delta x/\text{km}$	K_1/d^{-1}	K_2/d^{-1}	K_3/d^{-1}	K_N/d^{-1}
1—2	16.837	3.2	0.95	3.53	0.1	0.125
2—3	11.474	3.2	0.95	2.735	0	0.175
3—4	11.474	1.6	0.95	3.995	0	0.70
4—5	13.425	40.0	0.95	4.855	0	1.125

断面 1 作为起始断面，已知

$$L_{C0}=0.305\,\text{mg/L}；L_{N0}=0.1\,\text{mg/L}；D_0=0\,\text{mg/L}$$

演算至断面 2，形成断面 2 部分 CBOD、NBOD 和 D_C 为

$$L'_{C2} = 0.305\exp\left(-\frac{0.95+0.1}{16.837}\times 3.2\right) = 0.25\,\text{mg/L}$$

$$L'_{N2} = 0.1\exp\left(-\frac{0.125}{16.837}\times 3.2\right) = 0.10\,\text{mg/L}$$

$$D'_{C2} = -\frac{0.95 \times 0.305}{0.95 + 0.1 - 3.53}\left[\exp\left(-\frac{0.95 + 0.1}{16.837} \times 3.2\right) - \exp\left(-\frac{3.53}{16.837} \times 3.2\right)\right]$$

$$-\frac{0.125 \times 0.1}{0.125 - 3.53}\left[\exp\left(-\frac{0.125}{16.837} \times 3.2\right) - \exp\left(-\frac{3.53}{16.837} \times 3.2\right)\right] = 0.04\text{mg/L}$$

在 L'_{C2}、L'_{N2} 和 D'_2 基础上，增加污水的浓度，则断面 2 的 CBOD、NBOD 和 D_C 分别为

$$L_{C2} = \frac{1.14 \times 100 + 3.8 \times 0.25}{1.14 + 3.8} = 23.27\text{mg/L}$$

$$L_{N2} = \frac{1.14 \times 15 + 3.8 \times 0.1}{1.14 + 3.8} = 3.54\text{mg/L}$$

$$D_{C2} = \frac{1.14 \times 8 + 3.8 \times 0.04}{1.14 + 3.8} = 1.88\text{mg/L}$$

再将断面 2 的指标作为断面 3 的起始浓度指标，演算至断面 3。如果断面 3 无污水加入，则为断面 3 的浓度；如有污水加入，则增加污水形成的部分浓度，以此计算出各断面的各项浓度，列于表 7-3。

表 7-3　各断面的各项浓度表

断面	CBOD/（mg/L）	NBOD/（mg/L）	D_C/（mg/L）
1	0.305	0.1	0.00
2	23.27	3.54	1.88
3	17.85	3.37	4.72
4	35.17	9.88	5.12
5	2.07	0.35	0.61

7.3.3　生化耗氧模型

有机废水排入河流后，耗氧条件下其降解耗氧过程如图 7-4 所示。先是 CBOD 氧化分解，其降解过程如图中的曲线①；稍后是 NBOD 的氧化分解，如曲线②。前者为有机污染物的碳化降解过程，后者为硝化降解过程。后者一般较前者滞后 5～10d。

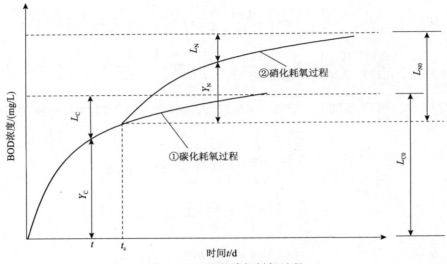

图 7-4　BOD 的降解耗氧过程

图 7-4 中纵坐标 BOD 表示从开始到某时刻 t 的生化需氧量，为已消耗的溶解氧浓度，L_{C0}、L_C 分别表示 $t=0$ 和 t 时刻水中实际存在的 CBOD 浓度，也称剩余 CBOD 浓度；L_{N0}、L_N 分别表示硝化开始时 t_c 和 t 时刻水中存在的 NBOD 浓度，它们的降解耗氧过程的数学模型分别如下所述。

（1）CBOD 的降解耗氧过程。

CBOD 的降解耗氧一级反应动力学方程为

$$\frac{\mathrm{d}L_C}{\mathrm{d}t} = -K_1 L_C \tag{7-66}$$

式中：L_C——t 时刻水中实际存在的 CBOD 浓度，mg/L，等于起始时水中存在的 BOD 浓度值 L_{C0} 减去氧化降解的 CBOD 浓度 Y_C；

K_1——L_C 的降解速率系数，d^{-1}，简称降解系数，也称 L_C 的耗氧系数。

上式积分，得 L_C 随时间的衰减过程：

$$L_C = L_{C0} \mathrm{e}^{-K_1 t} \tag{7-67}$$

显然 L_C 的降解耗氧过程 Y_C 为

$$Y_C = L_{C0} - L_C = L_{C0}(1 - \mathrm{e}^{-K_1 t}) \tag{7-68}$$

（2）NBOD 的硝化降解耗氧一级反应动力学方程为

$$\frac{\mathrm{d}L_N}{\mathrm{d}t} = -K_N L_N \qquad (7\text{-}69)$$

式中：L_N——t 时刻水中实际存在的 NBOD 浓度，mg/L；

　　　K_N——L_N 的降解系数，d^{-1}，也称 L_N 的耗氧系数。

上式积分，得 L_N 的降解过程：

$$L_N = L_{N0}\mathrm{e}^{-K_N(t-t_c)}, \quad t \geqslant t_c \qquad (7\text{-}70)$$

式中：t_c——硝化过程比碳化过程滞后的时间，d；

　　　L_{N0}——硝化开始时（$t=t_c$）水中实际存在的 NBOD 浓度，mg/L。

从图 7-4 可见，L_N 的降解耗氧过程 Y_N 为

$$Y_N = L_{N0} - L_N = L_{N0}\left[1 - \mathrm{e}^{-K_N(t-t_c)}\right], \quad t \geqslant t_c \qquad (7\text{-}71)$$

BOD 的总耗氧过程为

$$Y = Y_C + Y_N = L_{C0}(1 - \mathrm{e}^{-K_1 t}) + L_{N0}[1 - \mathrm{e}^{-K_N(t-t_c)}] \qquad (7\text{-}72)$$

式中的第二项在 $t \leqslant t_c$ 时为零。

7.4　数值模型软件

随着水环境模拟技术的发展，现代的水质模型不但涉及的水质变量和参数众多，而且与水动力、水文、气象等模型相互耦合，因此计算中根本无法求出解析解，水质模型计算只能使用数值方法，求解出数值解。

多数水质模型软件可以根据需要使用有限差分法、有限体积法等求解一维、二维或三维的水动力及水质输运方程；在此基础上进一步计算各种水质、生态变量的变化和分布情况。现在已经有多款免费或商用数值模型软件面世，其中比较著名的有 MIKE、DELFT3D、WASP7 和 EFDC 等。

这些水质软件虽然都是基于计算水力学和水质模型开发的，但是它们所采用的具体数值技术和适用范围有所区别。例如，MIKE 能够计算一维、二维、三维以及一二维和二三维耦合问题，其主要采用非结构网格进行计算，但是 MIKE 软件是商用模型，需要付费购买，且代码不公开；DELFT3D 有比较完善的水质和水生态模块，能够计算二维或三维问题，但主要使用正交曲线贴体网格进行计算，需要生成计算区域的曲线网格。

WASP 水质模型从 20 世纪 80 年代初发布第一个版本以来，经过三十多年的发展已经相当完善；其最大的特点是比较灵活，不但其早期源代码是公开的，而

且对于同一个水质变量可以选择不同复杂程度的水质模拟。WASP 的主要问题在于它是一个多箱式模型，因此只能处理比较简单的水动力情况，如果水动力情况比较复杂，则只能通过其他软件输入来提供。

EFDC（environmental fluid dynamics code）是由美国环境保护局资助开发，用于模拟河流、湖泊水库、海湾、河口等地表水的水生态动力过程的多维水环境数学模型；EFDC 集水动力学模块、污染物输运模块、水质模块、泥沙悬浮与沉淀模块、毒性物质模块为一体，这些模块之间彼此耦合，使得 EFDC 具备较为全面的水环境模拟功能；EFDC 还自带有大量的后处理功能，以帮助用户进行参数的率定、模型的验证等工作。

下面分别对 WASP、EFDC、DELFT3D 和 MIKE 等软件进行简要介绍。

7.4.1　WASP 模型

WASP 模型是由美国环境保护局负责开发的基于物质守恒定律的综合水质模型。同时它与其他模型相结合可以模拟河流、水库、湖泊等各种水体中物质的变化；也可以模拟不同时间尺度的水质问题。WASP 主要用于模拟点源污染，但是如果为它输入 HSPF 等流域模型计算结果，也可模拟非点源问题，因此，WASP 具有很大的适用范围。

WASP 包括三个模块：DYNHYD、EUTRO 及 TOXI。其中 DYNHYD 是它的水动力模块，这是一个一维水动力模块，为 WASP 的其他模块提供水动力信息。WASP 水动力模块只能处理简单情况下水体的流动，如果水动力情况比较复杂，则需要 EFDC、RIVMOD 及 SWMM 等模型提供水动力的详细情况。

EUTRO 是它的富营养化模块，用于计算与富营养化有关物质的浓度。在WASP 中这一模块可以计算 12 种不同的物质，包括：溶解氧、氨氮、硝态氮、磷酸盐、有机磷、有机氮、浮游植物、固着植物和盐度等；WASP 特别详细地考虑了生化需氧量 BOD，将其分为三种不同的成分；通过这些变量的不同组合，WASP能较完整地描述水体中的碳、氮和磷循环。此外，这一模块也可以计算光照条件、温度条件以及成岩作用对上述物质浓度和分布的影响。

TOXI 是 WASP 的有毒物质模块，主要用于研究有毒物质的归趋途径。它可以模拟铜、镉、汞等重金属物质的归趋；也可以模拟多环芳烃、多氯联苯等有机毒物的降解、吸附以及转化过程。这一模块可单独使用，也可与 EUTRO 联合使用。

WASP 除了可以模拟种类繁多的化学物质以外，最大的特点是它非常灵活：在有毒物质模块中，用户可以自定义多达三种有机污染物；在富营养化模块中，它为每一种不同的营养物提供了几个不同复杂等级的模型供用户选用。具体见表 7-4。

表 7-4　WASP 中富营养化物质模型级别

变量名	级别					
	1	2	3	4	5	6
氨氮		√	√	√	√	√
硝态氮			√	√	√	√
无机磷				√	√	√
浮游植物				√	√	√
固着植物						√
含碳 BOD	√	√	√	√	√	√
溶解氧	√	√	√	√	√	√
有机氮			√	√	√	√
有机磷				√		√
底泥成岩作用					√	√

级别	说明
1	Streeter-Phelps DO/BOD 模型加上描述性底泥需氧量模型
2	改进的 Streeter-Phelps 模型
3	包括硝化作用的线性溶解氧平衡模型
4	简单富营养化模型加上描述性底泥需氧量模型
5	包括底泥成岩作用的中等复杂程度富营养化模型
6	包括底泥成岩作用和固着植物影响的高级富营养化模型

当然，WASP 也有一定的缺点。如前面所述，WASP 在复杂水动力条件下必须依靠其他软件提供水动力的详细情况；此外 WASP 对底泥中的过程考虑过于简单，不适用于底泥对水质有强烈影响的水体。

7.4.2　EFDC 模型

EFDC 模型是在美国环境保护局资助下开发的，可用于河湖、海湾、河口等水质的二、三维模拟计算。EFDC 集成有水动力学模块、污染物输运模块、水质模块、泥沙悬浮与沉淀模块、毒性物质模块，具有较好的水环境模拟功能。原始的 EFDC 用 Fortran 77 语言编写，后来改用 Fortran 95 重新编写后，其计算效率和稳定性等方面均有大幅度的提高。

EFDC 在平面网格划分上，不但能够在笛卡儿矩形网格基础上进行计算，也能够在正交曲线网格进行计算；同时 EFDC 能够对指定区域进行网格加密以帮助在关心的区域中获得更精确的结果。EFDC 还可以从 DELFT3D、Grid 95 等工具中导入生成的计算网格。在垂直坐标上，EFDC 提供了 Sigma 坐标和 Z 坐标两种垂直网格坐标系统，Sigma 坐标能很好地贴合计算区域崎岖不平的底部和起伏不定的自由液面。

在边界条件上，EFDC 提供了流量、水位、开边界等不同的边界类型，以用于计算河流、海洋、湖泊、河口等环境中的不同边界问题。其边界条件设置是非常灵活的，比如，边界流量可以是常数，也可以是随时间变化的时间序列；潮汐开边界可以由水位观测决定，也可以由潮汐调和参数计算。当然，EFDC 也提供了对风的处理方法，以计算湖泊等水体中的风生流；EFDC 还提供了几种不同的干湿边界处理方式，以计算洪水淹没区等问题。同时，EFDC 对于不同类型的边界条件提供了不同类型的前处理工具，可以方便地进行边界条件插值、地形平滑等常见的处理。

在计算离散格式上，EFDC 提供了显式、隐式不同的差分格式。用户可以自行选择是否包括浮力效应以及科里奥利效应；如果有必要，用户甚至可以计算水体区域内不同密度的水生植物对水动力的效应。在计算效率上，根据网格和计算问题的不同，EFDC 可以选择不同的固定计算时间步长，如果用户不能确定合适的步长，那么可以使用 EFDC 提供的动态时间步长功能。

EFDC 不但包括了常规的水动力和湍流模块，还包括了拉格朗日粒子和非常有特色的波浪模块；波浪模块既可以导入专业的 SWAN 波浪程序的结果，也可以使用 EFDC 内置的波浪生成模块，这一特点大大方便了有关模块的使用。当然，EFDC 也可以用来计算水温和盐度的分布以及由此带来的水体分层现象。

富营养化和毒物模块是 EFDC 最重要的组成部分，EFDC 将水中的所有化学物质划分为营养物、有毒物质两个模块；每一个模块都可以考虑大气沉降、底泥释放、物质输运与转化等各种因素。它的富营养化模块基于 CE-QUAL-ICM 模型，涉及 21 种不同的水质变量，考虑了如降解、大气复氧、浮游植物的新陈代谢、颗粒对化学物质的吸附、颗粒的沉降以及底泥的再悬浮等一系列过程。EFDC 中各物质的相互转化关系见图 7-5。

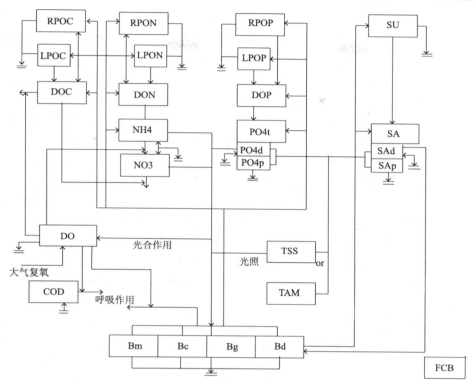

图 7-5 主要化学污染物的循环

图中，RPOC：惰性颗粒有机碳；LPOC：活性颗粒有机碳；DOC：可溶性有机碳；DO：溶解氧；COD：化学需氧量；RPON：惰性颗粒有机氮；LPON：活性颗粒有机氮；DON：可溶性有机氮；NH4：铵盐；NO3：硝酸盐；RPOP：惰性颗粒有机磷；LPOP：活性颗粒有机磷；DOP：溶解性有机磷；PO4t：总磷酸盐；PO4d：溶解性磷酸盐；PO4p：颗粒吸附磷酸盐；TSS：悬浮颗粒；TAM：总活性金属；SU：生物性颗粒硅；SA：总有效硅；SAd：可溶性有效硅；SAp：颗粒物有效硅；Bm：固定相藻类；Bc：蓝藻；Bg：绿藻；Bd：硅藻；FCB：大肠杆菌

除此以外，EFDC 还有着一定的后处理功能。在后处理上，EFDC 内置了用于显示浓度场和定点时间序列的程序，能够方便地显示流场的矢量图与污染物的浓度分布；也可以生成动画以直观地显示结果。其定点的物理量可以用时间序列方式显示，也可以读入监测结果并计算统计结果，以帮助用户更好地分析计算结果的精度。

7.4.3 DELFT3D 模型

DELFT3D 是由荷兰 Delft Hydraulics 研究所开发的水环境计算软件。它曾作为商业软件发售，因此有着良好的用户界面和专业团队支持；现在 DELFT3D 已经可以免费使用，其核心计算模块已经开源。

DELFT3D 包括水动力模块、波浪模块、水质和水生态模块、颗粒追踪模块、沉积物迁移形态模块；可以用于计算河道、海洋、湖泊水库和河口等水体环境中多个因素作用下水动力和水环境要素的变化。在水动力方面，DELFT3D 采用基于正交曲线网格的有限差分法计算二维或三维问题，其可以计算包括边界流量、潮汐或风等驱动力引起的水的非稳定流动以及物质迁移；其计算网格能够分区域分别生成后合并，因此大大增加了该模型对复杂边界的适应能力。DELFT3D 的波浪模型与著名的 SWAN 模型基本一致；并可以与水动力和沉积物迁移形态模块联用，以计算泥沙的沉降以及再悬浮等问题；进而评估水动力等因素对河床形态的影响。

DELFT3D 的水质和水生态模块也是较为完善的，包括泥沙层在内，该模块中涉及 100 多种不同的物质。模块中典型的物理生化过程包括：与大气的物质和能量交换，物质的相互转化以及吸附-解吸过程，水体中颗粒物向河床的沉淀以及再悬浮等过程。DELFT3D 的水质和水生态模块是通用型模块，用户可以根据自己的需求选择参与计算的物质及其过程并指定其中的参数；有些水质过程可以自由选择使用线性或非线性方程进行描述；用户甚至可以自定义新的物质及其生化反应过程进行计算。

DELFT3D 中也有基于拉格朗日法的颗粒追踪模块计算颗粒物轨迹。根据需要，这一模块可以跟水动力模块、波浪模块以及水质模块等联合计算。在 DELFT3D 中，水动力模块与其他模块的计算是解耦的，因此，它允许用户采用不同密度网格分别计算水动力和水环境等过程，所以能够有效节约计算耗时，这也是 DELFT3D 软件中非常有特色的技术之一。

7.4.4 MIKE 模型

MIKE 是由丹麦 DHI 公司开发的多功能水文-水环境计算软件，主要有用于水文预测的 MIKE SHE，水环境动力学模型 MIKE11、MIKE21、MIKE3，以及专门用于城市管网系统的 MIKE Urban 等。MIKE 的功能非常强大，界面也十分友好，很方便工程人员使用，在我国应用也较为广泛，但该软件是商业软件，非免费。

对于水环境动力学部分，MIKE 软件主要包括：用于计算一维河网的 MIKE11，二维模型 MIKE21，三维模型 MIKE3 以及用于防洪计算的一、二维耦合模型 MIKE FLOOD 和二、三维耦合模型。在 MIKE11 中，用户不但可以计算普通的一维水动力问题，而且可以方便地定义涵洞、桥梁、闸门以及水泵等水工建筑物并计算水动力对结构等问题的影响。MIKE21 主要用于湖泊、河口、海湾以及海岸地区水环境问题的研究。在 MIKE21 中，用户可以很方便地选用曲线正交网格或非结构网格进行计算。在边界条件方面，MIKE21 可以附加风、降水以及蒸发等多种外部驱动力。MIKE21 与 MIKE11 联用可以用于防洪、溃坝等多种问题的计算。MIKE3 是三维计算模型，用于深水水库以及温度或密度垂直分层不可忽略的情况。

　　MIKE 的水质模块被称为 ECOLAB 模块，是通用水质模块。用户可以根据需要构造不同复杂程度的水环境模型，从最简单的一级降解动力学和保守物质到最复杂的富营养化生态模型都可以通过 ECOLAB 模块迅速构造完成。MIKE 的水质模块非常灵活，它可以任意与 MIKE11、MIKE21 或 MIKE3 联合使用以求解不同尺度和维度的水质问题。当然，MIKE 软件中也同样存在模拟沉积物迁移、河流形态变化以及颗粒物追踪的模块。

　　MIKE 的前处理功能强大，并可以与地理信息系统联合，十分便于建立新的计算案例。不同 MIKE 模块的输出结果都可以统一在 MIKE ZERO 中输出，各种模块都可以自由搭配以解决不同尺度和关注点的问题。但是由于 MIKE 是完全封闭的商业软件，用户不可能对其进行修改。

思考题

　　（1）不同的污染物在水体中会经历哪些生化过程？

　　（2）常用的水质模型软件有哪些？它们各自的特点是什么？

　　（3）水质模型软件可用在哪些实际工作中？请举例说明。

参 考 文 献

陈兆波, 陈志强, 林海龙, 等. 2009. 污水处理系统数学模型. 哈尔滨: 哈尔滨工业大学出版社: 53-55.

戴本林, 华祖林, 褚克坚, 等. 2009. 中小型河流点源任意点排放污染带特征参数 L_M、L_B 确定研究. 节水灌溉, (1): 22-23.

邓志强, 褚君达. 2001. 河流纵向分散系数研究. 水科学进展, 12(2): 137-142.

傅献彩. 2006. 物理化学(下). 北京: 高等教育出版社: 163-189.

顾莉, 华祖林. 2007. 天然河流纵向离散系数确定方法的研究进展. 水利水电科技进展, 27(2): 85-89.

顾莉, 华祖林, 褚克坚, 等. 2011. 分汊型河道水流运动特性和污染物输移规律研究进展. 水利水电科技进展, 31(5): 88-94.

顾莉, 华祖林, 何伟, 等. 2007. 河流污染物纵向离散系数确定的演算优化法. 水利学报, 38(12): 1421-1425.

顾莉, 惠慧, 华祖林, 等. 2014. 河流横向混合系数的研究进展. 水利学报, 45(4): 450-457.

郭建青, 李彦, 王洪胜, 等. 2005. 确定河流水质参数的抛物方程近似拟和法. 水利水电科技进展, 2005, 25(2): 11-13.

郭建青, 王洪胜, 李云峰. 2000. 确定河流纵向离散系数的相关系数极值法. 水科学进展, 11(4): 387-391.

华祖林. 2001. 湍流模型在环境水力学研究中的应用. 水科学进展, 12(3): 403-412.

华祖林, 程浩淼. 2015. 一种考虑容量沿程变化的水环境容量计算方法. 河海大学学报(自然科学版), 43(6): 505-510.

华祖林, 汪靓. 2013. 一种确定湖泊水质基准参照状态浓度的新方法. 环境科学, 34(6): 2134-2138.

华祖林, 王苑. 2018. 水动力作用下河湖沉积物污染物释放研究进展. 河海大学学报(自然科学版), 46(2): 95-105.

华祖林, 顾莉, 查玉含, 等. 2009. 基于 COHERENS 模型的污染物质输运数值模拟. 环境科学与技术, 32(4): 14-18.

华祖林, 韩龙喜, 姚琪. 2006. 环境水力学及其应用. 南京: 河海大学讲义.

华祖林, 李亚伟, 顾莉. 2013. 湖泊不同湖区 COD_{Mn} 降解的混合级数模型. 水利学报, 44(5): 521-526.

华祖林, 刘晓东, 褚克坚, 等. 2013. 基于边界拟合下的水流与污染物质输运数值模拟. 北京: 科学出版社.

蒋忠锦, 王继徽, 张玉清. 1997. 天然河流和湖泊岸流污染带横向混合系数计算. 湖南大学学报, 2(24): 29-32.

金相灿. 1992. 沉积物污染化学. 北京: 中国环境科学出版社: 216-219.

李大美, 黄克中. 2007. 环境水力学. 武汉: 武汉大学出版社.

刘晓东, 华祖林, 谢增芳, 等. 2012. 一维河流水质模型多参数识别的反演优化通用算法. 水力发电学报, 31(2): 122-127.

美国环境保护局. 2012. 美国 TMDL 计划管理模型实施实践. 北京: 中国环境科学出版社: 240-250.

慕金波, 侯克复. 1991. 河流横向混合系数的室内试验. 环境科学, (12): 34-37.

瑞恩 P. 施瓦茨巴赫, 菲利普 M. 施格文, 迪特尔 M. 英博登. 2004. 环境有机化学. 王连生, 等译. 北京: 化学工业出版社: 304-313.

王志明. 1996. 长江宜昌段枯水期河水扩散特征. 水资源保护, 6(2): 35-46.

韦鹤平. 1993. 环境系统工程. 上海: 同济大学出版社: 125-157.

幸治国, 蒋良维. 1994. 长江、嘉陵江重庆城区段横向扩散系数. 重庆环境科学, 5(16): 37-50.

徐孝平. 1991. 环境水力学. 北京: 水利电力出版社.

余常昭. 1992. 环境流体力学导论. 北京: 清华大学出版社.

张江山. 1994. 示踪实验确定河流纵向离散系数的单纯形加速法. 环境科学, 15 (4): 66-68.

张书农. 1988. 环境水力学. 南京: 河海大学出版社.

张书农. 周晶璧. 1985. 环境水力学(河流部分). 南京: 河海大学讲义.

赵文谦. 1986. 环境水力学. 成都: 成都科技大学出版社.

郑旭荣, 邓志强, 申继红. 2002. 顺直河流横向紊动扩散系数. 水科学进展, 11(13): 670-674.

周云. 1995. 光滑矩形槽中横向紊动扩散系数的研究. 甘肃科学学报, (2): 8-12.

Albers C, Steffler P. 2007. Estimating transverse mixing in open channels due to secondary current-induced shear dispersion. J. Hydraul. Eng.,133(2): 186-196.

Baek K, Seo I W. 2011. Transverse dispersion caused by secondary flow in curved channels. J. Hydraul. Eng., 137(10): 1126-1134.

Boxall J B, Guymer I, Marion A. 2003. Transverse mixing in sinuous natural open channel. J. Hydraul. Res., 41(2): 153-165.

Chapra S C. 2008. Surface Water-Quality Modeling. Long Grove: Waveland Press, Inc.

Deng Z Q, Singh V P, Bengtsson L. 2001. Longitudinal dispersion coefficient in straight rivers. J. Hydraul. Eng., 127(11): 919-927.

Fischer B H. 1969. The effect of bends on dispersion in streams. Wat. Resour. Res., 5(2): 496-506.

Fischer B H, List E J, Koh R C Y, et al. 1979. Mixing in Land and Coastal Waters. New York: Academic: 104-138.

Godfrey R G, Frederick B J. 1970. Stream dispersion at selected sites. Center for Integrated Data Analytics Wisconsin Science Center.

Hua Z L, Wei J I, Shan N N. 2013. Pollutant mixing and transport process via diverse transverse release positions in a multi-anabranch river with three braid bars. Water Science and Engineering, 6(3): 250-261.

Iwasa Y, Aya S. 1991. Predicting longitudinal dispersion coefficient in open-channel flows// Proc. Int. Symp. On Envir. Hydr., Hong Kong, 505-510.

Jobson H E, Sayre W W. 1970. Vertical transfer in open channel flow. Journal of the Hydraulics Division, 96(3): 703-724.

Kashefipour S M, Falconer R A. 2002. Longitudinal dispersion coefficients in natural channels. Water Research, 36(6): 1596-1608.

Koussis A D, Rodriguez-Mirasol J. 1998. Hydraulic estimation of dispersion coefficient for streams. J. Hydraul. Eng., 124(3): 317-320.

Liu H. 1977. Predicting dispersion coefficient of streams. J. Environ. Eng. Div. ASCE, 103(1): 59-69.

Liu X D, Zhou Y Y, Hua Z L, et al. 2014. Parameter identification of river water quality models using a genetic algorithm. Water Science and Technology, 69(4): 687-693.

Marivoet J L, Van Craenenbroeck W. 1986. Longitudinal dispersion in ship canals. J. Hydraul. Res., 24(2): 123-133.

McQuivey R S, Keefer T N. 1974. Simple method for predicting dispersion in streams. J. Environ. Eng., 100(4): 997-1011.

Sahay R R, Dutta S. 2009. Prediction of longitudinal dispersion coefficients in natural rivers using genetic algorithm. Hydrol. Res., 40(6): 544-552.

Seo I W, Cheong T S. 1998. Predicting longitudinal dispersion coefficient in natural streams. J. Hydraul. Eng., 124(1): 25-32.

Stefan H, Gulliver J S. 1978. Effluent mixing zone in a shallow water. A.S.C.E., NoEE2.

Tetra Tech, Inc. 2007. The environmental fluid dynamics code theory and computation. Volume 3: water quality module.

Wu-seng Lung. 2001. Water Quality Modeling for Wasteload Allocations and TMDLs. New York: John Wiley & Sons, Inc.

Yotsukura N, Cobb E D. 1972. Tarnsverse diffusion of solutes in natural streams. Center for Integrated Data Analytics Wisconsin Science Center.

Yotsukura N, Fiering H B. 1964. Numerical solution to a dispersion equation. J. Hydraul. Eng., 1964, 90(5): 83-104.

Yotsukura N, Sayre W W. 1976. Transverse mixing in natural channels. Wat. Resour. Res., 12(4): 695-704.